한국산업인력공단 국가기술자격검정 수험서

Industrial Engineer Cook,
Korean Food
한식조리산업기사

한식조리산업기사
완벽대비

이여진 저

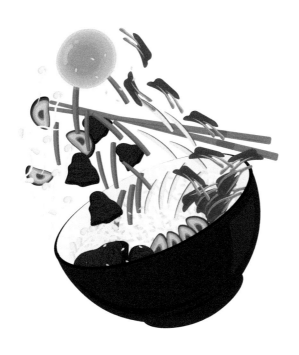

(주)백산출판사

韓食

한식조리산업기사

Industrial Engineer Cook, Korean Food

반상차림을 기본으로 상을 차리는 한국음식은 과학적이고 합리적이며 영양학적으로도 우수한 음식입니다. 건강밥상으로 한국음식에 대한 세계적인 인지도는 점차 높아지고 있습니다. 외식산업은 국가 이미지를 높이고 연관된 산업의 동반성장 효과를 낼 수 있어 한국관광산업의 중요한 자원으로서 고부가가치를 창출할 수 있습니다.

한국음식의 고유한 전통을 계승하고 발전시키기 위해서는 전문교육기관에서 훈련받은 전문 조리인이 많이 양성되어야 합니다. 이러한 인적 인프라 형성을 위해 조리업무 전반에 관한 기술·인력·경영관리를 담당할 전문인력의 필요성이 커지고 있습니다.

조리산업기사는 외식업체 등 조리산업 관련 기관에서 조리업무가 효율적으로 이뤄질 수 있도록 관리하는 역할을 맡습니다. 한식, 중식, 일식, 양식, 복어조리 부문에 배속되어 제공될 음식에 대한 계획을 세우고 조리할 재료를 선정, 구입, 검수하고 선정된 재료를 적정한 조리기구를 사용하여 조리업무를 수행하며, 음식을 제공하는 장소에서 조리시설 및 기구를 위생적으로 관리, 유지하고, 필요한 각종 재료를 구입, 위생학적, 영양학적으로 저장 관리하면서 제공될 음식을 조리하여 제공하는 직종입니다.

조리기능사 자격증을 취득한 자, 관련학과 졸업자, 실무에 종사한 자들이 증가하면서 산업기사 시험에 도전하고자 하는 지원자가 점차 늘어나고 있습니다. 하지만 산업기사 시험을 대비하면서 교재 선택, 시험 난이도 등으로 어려움을 겪고 있습니다.

조리산업기사 실기 시험은 출제문형 1형에서 8형까지 4문제씩 시험시간 2시간으로 정해져 있어 출제기준과 조리법이 다소 정확하게 알려진 편입니다. 따라서 시험에 임할 때는 지급재료를 반드시 확인하고, 특히 요구사항을 잘 준수하는 것이 중요합니다.

최대한 출제기준에 맞추려고 노력하였습니다. 부족한 점이 많지만 조금이라도 도움이 되었으면 하는 심정으로 집필하였습니다. 산업기사 시험 합격에 보탬이 되길 기원합니다.

이 책의 출판을 위해 물심양면으로 수고를 아끼지 않으신 백산출판사 진욱상 대표님과 직원 여러분, 그 외 도와주신 모든 분께 깊은 감사를 드립니다.

2024년 9월 1일
저자 드림

차례

한식조리산업기사

Industrial Engineer Cook, Korean Food

조리산업기사 시험 안내

자격명 : 조리산업기사(한식)

영문명 : Industrial Engineer Cook, Korean Food

1. 응시자격(다음 각호의 어느 하나에 해당하는 사람)

1) 기능사 등급 이상의 자격을 취득한 후 응시하려는 종목이 속하는 동일 및 유사 직무분야에 1년 이상 실무에 종사한 사람
2) 응시하려는 종목이 속하는 동일 및 유사 직무분야의 다른 종목의 산업기사 등급 이상의 자격을 취득한 사람
3) 관련학과의 2년제 또는 3년제 전문대학졸업자 등 또는 그 졸업예정자
4) 관련학과의 대학졸업자 등 또는 그 졸업예정자
5) 동일 및 유사 직무분야의 산업기사 수준 기술훈련과정 이수자 또는 그 이수예정자
6) 응시하려는 종목이 속하는 동일 및 유사 직무분야에서 2년 이상 실무에 종사한 사람
7) 고용노동부령으로 정하는 기능경기대회 입상자
8) 외국에서 동일한 종목에 해당하는 자격을 취득한 사람

2. 검정방법 및 시험과목

1) **시행처**: 한국산업인력공단
2) **관련학과**: 대학 및 전문대학의 (외식/호텔/관광)조리학과, 식품영양학과, 가정학과, 고등학교 조리과 등
3) **시험과목**
   - 필기: ① 위생 및 안전관리 ② 식재료관리 및 외식경영 ③ 한식조리
   - 실기: 조리작업
4) **검정방법**
   - 필기: 객관식 4지 택일형, 과목당 20문항(과목당 30분)
   - 실기: 작업형(2시간 정도)

5) 합격기준

– 필기: 100점을 만점으로 과목당 40점 이상, 전 과목 평균 60점 이상(과락 있음)

– 실기: 100점을 만점으로 하여 60점 이상

※ 조리산업기사 자격증을 취득하면 학사과정 인정 교육기관에서 16학점을 인정해주므로 대학 진학 시 많은 도움이 됨

3. 한식조리산업기사 채점기준표

주요항목	세부항목	채점방법	배점
위생상태 및 안전관리 (10점)	복장 및 개인위생상태	위생복, 위생모, 두발, 손톱의 위생상태	3
	조리과정의 위생상태	각 조리과정에서 재료와 조리기구(도마, 칼, 행주) 등의 위행상태	3
	정리정돈 및 청소	개인별로 지급된 기구들의 정돈과 작업 주위의 청소 상태	2
	안전관리	시설과 장비를 안전하게 사용	2
조리작업 및 조리기술, 숙련도 (70점)	재료손질(다루기)	재료의 손질 및 세척, 재료 다루기	7
	재료분배	조리에 맞게 재료를 분배	7
	전처리작업(데치기, 삶기, 두드리기, 찢기 등)	조리에 맞는 전처리작업	6
	썰기 작업	규격에 맞게 썰기	10
	양념하기	재료와 조리법에 맞는 양념하기	5
	가열하기(끓이기, 볶기, 졸리기 등)	익히는 작업	10
	적합한 조리기구 사용	조리에 맞는 기구 사용	5
	조리순서	전체적으로 순서에 맞게 조리	10
	조리방법	고유한 조리방법으로 조리	10
작품의 평가 (20점)	작품의 완성도	작품의 고유한 맛과 색, 형태	12
	그릇 담기	그릇에 보기 좋게 담기	8
총 점수			100

직무 분야	음식서비스	중직무 분야	조리	자격 종목	한식조리산업기사	적용 기간	2022.1.1.~2024.12.31.

• 직무내용 : 한식메뉴 계획에 따라, 식재료를 선정, 구매, 검수, 보관 및 저장하며, 맛과 영양을 고려하여 안전하고 위생적으로 음식을 조리하고 조리기구와 시설관리 및 급식·외식경영을 수행하는 직무이다.

실기검정방법	작업형	시험시간	2시간 정도

실기과목명	주요항목	세부항목	세세항목
한식조리 실무	1. 한식 위생관리	1. 개인위생 관리하기	1. 위생관리기준에 따라 조리복, 조리모, 앞치마, 조리안전화 등을 착용할 수 있다 2. 두발, 손톱, 손 등 신체청결을 유지하고 작업수행 시 위생습관을 준수할 수 있다. 3. 근무 중의 흡연, 음주, 취식 등에 대한 작업장 근무수칙을 준수할 수 있다. 4. 위생관련법규에 따라 질병, 건강검진 등 건강상태를 관리하고 보고할 수 있다.
		2. 식품위생 관리하기	1. 식품의 유통기한·품질 기준을 확인하여 위생적인 선택을 할 수 있다. 2. 채소·과일의 농약 사용여부와 유해성을 인식하고 세척할 수 있다. 3. 식품의 위생적 취급기준을 준수할 수 있다. 4. 식품의 반입부터 저장, 조리과정에서 유독성, 유해물질의 혼입을 방지할 수 있다.
		3. 주방위생 관리하기	1. 주방 내에서 교차오염 방지를 위해 조리생산 단계별 작업공간을 구분하여 사용할 수 있다. 2. 주방위생에 있어 위해요소를 파악하고, 예방할 수 있다. 3. 주방, 시설 및 도구의 세척, 살균, 해충·해서 방제작업을 정기적으로 수행할 수 있다. 4. 시설 및 도구의 노후상태나 위생상태를 점검하고 관리할 수 있다. 5. 식품이 조리되어 섭취되는 전 과정의 주방 위생상태를 점검하고 관리할 수 있다. 6. HACCP적용 업장의 경우 HACCP관리기준에 의해 관리할 수 있다.

실기과목명	주요항목	세부항목	세세항목
	2. 한식안전관리	1. 개인안전 관리하기	1. 안전관리 지침서에 따라 개인 안전관리 점검표를 작성할 수 있다. 2. 개인안전사고 예방을 위해 도구 및 장비의 정리 정돈을 상시 할 수 있다. 3. 주방에서 발생하는 개인 안전사고의 유형을 숙지하고 예방을 위한 안전수칙을 지킬 수 있다. 4. 주방 내 필요한 구급품이 적정 수량 비치되었는지 확인하고 개인 안전 보호 장비를 정확하게 착용하여 작업할 수 있다. 5. 개인이 사용하는 칼에 대해 사용안전, 이동안전, 보관안전을 수행 할 수 있다. 6. 개인의 화상사고, 낙상사고, 근육팽창과 골절사고, 절단사고, 전기기구에 인한 전기 쇼크 사고, 화재사고와 같은 사고 예방을 위해 주의사항을 숙지하고 실천할 수 있다. 7. 개인 안전사고 발생 시 신속 정확한 응급조치를 실시하고 재발 방지 조치를 실행할 수 있다.
		2. 장비 · 도구 안전작업하기	1. 조리장비 · 도구에 대한 종류별 사용방법에 대해 주의사항을 숙지할 수 있다. 2. 조리장비 · 도구를 사용 전 이상 유무를 점검할 수 있다. 3. 안전 장비 류 취급 시 주의사항을 숙지하고 실천할 수 있다. 4. 조리장비 · 도구를 사용 후 전원을 차단하고 안전수칙을 지키며 분해하여 청소 할 수 있다. 5. 무리한 조리장비 · 도구 취급은 금하고 사용 후 일정한 장소에 보관하고 점검할 수 있다. 6. 모든 조리장비 · 도구는 반드시 목적 이외의 용도로 사용하지 않고 규격품을 사용할 수 있다.
		3. 작업환경 안전관리하기	1. 작업환경 안전관리 시 작업환경 안전관리 지침서를 작성할 수 있다. 2. 작업환경 안전관리 시 작업장주변 정리 정돈 등을 관리 점검할 수 있다. 3. 작업환경 안전관리 시 제품을 제조하는 작업장 및 매장의 온 · 습도관리를 통하여 안전사고요소 등을 제거할 수 있다. 4. 작업장내의 적정한 수준의 조명과 환기, 이물질, 미끄럼 및 오염을 방지할 수 있다. 5. 작업환경에서 필요한 안전관리시설 및 안전용품을 파악하고 관리할 수 있다. 6. 작업환경에서 화재의 원인이 될 수 있는 곳을 자주 점검하고 화재진압기를 배치하고 사용할 수 있다. 7. 작업환경에서의 유해, 위험, 화학물질을 처리기준에 따라 관리할 수 있다. 8. 법적으로 선임된 안전관리책임자가 정기적으로 안전교육을 실시하고 이에 참여할 수 있다.

실기과목명	주요항목	세부항목	세세항목
	3. 한식 메뉴관리	1. 메뉴관리 계획하기	1. 균형 잡힌 식단 구성 방식을 감안하여 메뉴를 구성할 수 있다. 2. 원가, 식재료, 시설용량, 경제성을 감안하여 메뉴 구성을 조정할 수 있다. 3. 메뉴의 식재료, 조리방법, 메뉴 명, 메뉴판 작성 등 사용되는 용어와 명칭을 정확히 구분하고 사용할 수 있다. 4. 수익성과 선호도에 따른 메뉴 엔지니어링을 할 수 있다. 5. 공헌이익을 높일 수 있는 메뉴구성을 할 수 있다.
		2. 메뉴 개발하기	1. 고객의 수요예측, 수익성, 이용 가능한 식자재, 조리설비, 메뉴의 다양성, 영양적 요소를 파악할 수 있다. 2. 고객의 식습관과 선호도에 미치는 경제적, 사회적, 지역적, 그리고 형태적 영향을 파악하고 활용할 수 있다. 3. 주방에서 보유한 조리기구의 특성을 이해하고, 메뉴의 영양적 요소와 설명을 제시할 수 있다. 4. 지역적 위치와 고객수준 등을 고려한 입지분석과 계층분석을 할 수 있다. 5. 식재료 전반에 관한 등 외부적인 환경을 파악하여 메뉴를 개발할 수 있다.
		3. 메뉴원가 계산하기	1. 실제원가를 일 단위, 월 단위로 계산하며, 이에 대한 의사결정을 할 수 있다. 2. 원가, 식재료, 시설용량, 경제성을 감안하여 메뉴 구성을 할 수 있다. 3. 당일 식료수입과 재료에 대한 현황을 파악하여 실제원가를 알 수 있다. 4. 당일 매출 보고서를 이해하고 매출에 대한 재료 비율을 산출할 수 있다. 5. 부분별 재료 선입선출에 의한 품목별 단위원가를 산출하여 총원가를 계산할 수 있다.
	4. 한식 면류조리	1. 면류 재료 준비하기	1. 면 조리(국수, 만두, 냉면)종류에 따라 재료를 준비할 수 있다. 2. 조리에 사용하는 재료를 필요량에 맞게 계량할 수 있다. 3. 부재료는 조리법에 맞게 전 처리할 수 있다. 4. 찬물에 육수 재료를 넣고 면 조리의 종류에 맞게 화력과 시간을 조절하여 육수를 만들 수 있다. 5. 가루를 분량대로 섞어 반죽할 수 있다. 6. 사용 시점, 조리법에 따라 숙성, 보관할 수 있다. 7. 손이나 기계를 사용하여 용도에 맞게 면이나 만두피를 만들 수 있다.

실기과목명	주요항목	세부항목	세세항목
		2. 면류 조리하기	1. 면 종류에 따라 삶거나 끓일 수 있다. 2. 만두는 만두피에 소를 넣어 조리법에 따라 빚을 수 있다. 3. 부재료를 조리법에 따라 조리할 수 있다. 4. 면 종류에 따라 양념장을 만들어 비비거나 용도에 맞게 활용할 수 있다. 5. 면의 종류에 따라 어울리는 고명을 만들 수 있다.
		3. 면류 담기	1. 조리종류와 색, 형태, 인원수, 분량 등을 고려하여 그릇을 선택할 수 있다. 2. 요리 종류에 따라 냉 · 온으로 제공할 수 있다. 3. 필요한 경우 양념장과 고명을 얹거나 따로 제공할 수 있다.
	5. 한식 찜 · 선 조리	1. 찜 · 선 재료준비하기	1. 찜 · 선의 조리종류에 따라 도구와 재료를 준비할 수 있다. 2. 조리에 사용하는 재료를 필요량에 맞게 계량할 수 있다. 3. 재료에 따라 요구되는 전 처리를 수행할 수 있다. 4. 찜, 선의 조리법에 따라 크기와 용도를 고려하여 재료를 썰 수 있다. 5. 양념장 재료를 비율대로 혼합, 조절하여 용도에 맞게 활용할 수 있다.
		2. 찜 · 선 조리하기	1. 조리법에 따라 재료를 양념하여 재워둘 수 있다. 2. 조리법에 따라 재료에 양념장과 물을 넣고 끓여 만들 수 있다. 3. 조리법에 따라 재료에 양념을 하여 찜통에 쪄서 만들 수 있다. 4. 조리법에 따라 재료를 볶아 만들 수 있다. 5. 찜 · 선 종류와 재료에 따라 가열시간과 화력을 조절하여 재료 고유의 색, 형태를 유지할 수 있다. 6. 찜 · 선에 어울리는 고명을 만들 수 있다.
		3. 찜 · 선 담기	1. 조리종류와 색, 형태, 인원수, 분량 등을 고려하여 그릇을 선택할 수 있다. 2. 찜, 선의 종류에 따라 국물을 자작하게 담아낼 수 있다. 3. 찜, 선의 종류에 따라 고명을 올릴 수 있다. 4. 찜, 선의 종류에 따라 겨자장, 초간장 등을 곁들일 수 있다.
	6. 한식 구이조리	1. 구이 재료 준비하기	1. 구이의 종류에 맞추어 도구와 재료를 준비할 수 있다. 2. 조리에 사용하는 재료를 필요량에 맞게 계량할 수 있다. 3. 재료에 따라 요구되는 전 처리를 수행할 수 있다. 4. 양념장 재료를 비율대로 혼합, 조절할 수 있다. 5. 필요에 따라 양념장을 숙성할 수 있다.

실기과목명	주요항목	세부항목	세세항목
		2. 구이 조리하기	1. 구이종류에 따라 유장처리나 양념을 할 수 있다. 2. 구이종류에 따라 초벌구이를 할 수 있다. 3. 온도와 불의 세기를 조절하여 익힐 수 있다. 4. 구이의 색, 형태를 유지할 수 있다.
		3. 구이 담기	1. 조리종류와 색, 형태, 인원수, 분량 등을 고려하여 그릇을 선택할 수 있다. 2. 조리한 음식을 부서지지 않게 담을 수 있다. 3. 구이 종류에 따라 따뜻한 온도를 유지하여 담을 수 있다. 4. 조리종류에 따라 고명으로 장식할 수 있다.
	7. 김치조리	1. 김치 재료준비하기	1. 김치의 종류에 맞추어 도구와 재료를 준비할 수 있다. 2. 김치에 사용하는 재료를 필요량에 맞게 계량 할 수 있다. 3. 재료에 따라 요구되는 전 처리를 수행 할 수 있다. 4. 배추나 무 등의 김치 재료를 적정한 시간과 염도에 맞춰 절일 수 있다.
		2. 김치 양념배합하기	1. 김치종류에 따른 양념 재료를 비율대로 혼합, 조절할 수 있다. 2. 김치종류, 저장기간에 따라 양념의 비율을 조절할 수 있다. 3. 양념을 용도에 맞게 활용할 수 있다.
		3. 김치 조리하기	1. 김치의 특성에 맞도록 주재료에 부재료와 양념의 비율을 조절하여 소를 넣거나 버무릴 수 있다. 2. 김치의 종류에 따라 국물의 양을 조절할 수 있다. 3. 온도와 시간을 조절하여 숙성하여 보관할 수 있다.
		4. 김치 담기	1. 김치의 종류에 따라 다양한 그릇을 선택할 수 있다. 2. 적정한 온도를 유지하도록 담을 수 있다. 3. 김치의 종류에 따라 조화롭게 담아낼 수 있다.
	8. 한식 전골조리	1. 전골 재료준비하기	1. 조리 종류에 따라 도구와 재료를 준비할 수 있다. 2. 조리에 사용하는 재료를 필요량에 맞게 계량 할 수 있다. 3. 재료에 따라 요구되는 전 처리를 수행 할 수 있다. 4. 찬물에 육수 재료를 넣고 부유물을 제거하며 육수를 끓일 수 있다. 5. 사용시점에 맞춰 냉, 온으로 보관할 수 있다.
		2. 전골 조리하기	1. 채소류 중 단단한 재료는 데치거나 삶아서 사용할 수 있다. 2. 조리법에 따라 재료는 전을 부치거나 양념하여 밑간할 수 있다. 3. 전 처리한 재료를 그릇에 가지런히 담을 수 있다. 4. 전골 양념장과 육수는 필요량에 따라 조절할 수 있다.

실기과목명	주요항목	세부항목	세세항목
		3. 전골 담기	1. 조리종류와 색, 형태, 인원수, 분량 등을 고려하여 그릇을 선택할 수 있다. 2. 조리 특성에 맞게 건더기와 국물의 양을 조절할 수 있다. 3. 온도를 뜨겁게 유지하여 제공할 수 있다.
	9. 한식 볶음조리	1. 볶음 재료 준비하기	1. 볶음조리에 따라 도구와 재료를 준비할 수 있다 2. 조리에 사용하는 재료를 필요량에 맞게 계량할 수 있다. 3. 볶음조리의 재료에 따라 전 처리를 수행할 수 있다. 4. 양념장 재료를 비율대로 혼합, 조절하여 만들 수 있다. 5. 필요에 따라 양념장을 숙성할 수 있다.
		2. 볶음 조리하기	1. 조리종류에 따라 준비한 도구에 재료와 양념장을 넣어 기름으로 볶을 수 있다. 2. 재료와 양념장의 비율, 첨가 시점을 조절할 수 있다. 3. 재료가 눌어붙거나 모양이 흐트러지지 않게 화력을 조절하여 익힐 수 있다.
		3. 볶음 담기	1. 조리종류와 색, 형태, 인원수, 분량 등을 고려하여 그릇을 선택할 수 있다. 2. 그릇형태에 따라 조화롭게 담아낼 수 있다. 3. 볶음조리에 따라 고명을 얹어 낼 수 있다.
	10. 한식 튀김조리	1. 튀김 재료 준비하기	1. 튀김 조리종류에 따라 도구와 재료를 준비할 수 있다. 2. 조리에 사용하는 재료를 필요량에 맞게 계량할 수 있다 3. 튀김의 종류에 맞추어 재료를 전 처리하여 준비할 수 있다.
		2. 튀김 조리하기	1. 밀가루, 달걀 등의 재료를 섞어 반죽옷 농도를 맞출 수 있다. 2. 조리의 종류에 따라 속 재료 및 혼합재료 등을 만들 수 있다. 3. 재료와 조리법에 따라 기름의 종류ㆍ양과 온도를 조절하여 튀길 수 있다.
		3. 튀김 담기	1. 조리종류와 색, 형태, 인원수, 분량 등을 고려하여 그릇을 선택할 수 있다. 2. 튀김은 기름을 제거하여 담아 낼 수 있다. 3. 튀김 조리를 따뜻한 온도, 색, 풍미를 유지하여 담아낼 수 있다.
	11. 한식 숙채조리	1. 숙채 재료 준비하기	1. 숙채의 종류에 맞추어 도구와 재료를 준비할 수 있다. 2. 조리에 사용하는 재료를 필요량에 맞게 계량할 수 있다. 3. 재료에 따라 요구되는 전 처리를 수행할 수 있다.
		2. 숙채 조리하기	1. 양념장 재료를 비율대로 혼합, 조절할 수 있다. 2. 조리법에 따라서 삶거나 데칠 수 있다. 3. 양념이 잘 배합되도록 무치거나 볶을 수 있다.

실기과목명	주요항목	세부항목	세세항목
		3. 숙채 담기	1. 조리종류와 색, 형태, 인원수, 분량 등을 고려하여 그릇을 선택할 수 있다. 2. 숙채의 색, 형태, 재료, 분량을 고려하여 그릇에 담아낼 수 있다. 3. 조리종류에 따라 고명을 올리거나 양념장을 곁들일 수 있다.
	12. 한과 조리	1. 한과 재료 준비하기	1. 한과의 종류에 맞추어 도구와 재료를 준비할 수 있다. 2. 한과에 사용하는 재료를 필요량에 맞게 계량 할 수 있다. 3. 재료에 따라 요구되는 전 처리를 수행 할 수 있다.
		2. 한과 조리하기	1. 한과제조에 필요한 재료를 반죽할 수 있다. 2. 한과의 종류에 따라 모양을 만들 수 있다. 3. 한과의 종류에 따라 조리법을 달리하여 조리 할 수 있다. 4. 꿀이나 설탕시럽에 담가둔 후 꺼내거나 끼었을 수 있다. 5. 고명을 사용하여 장식할 수 있다.
		3. 한과 담기	1. 조리종류와 색, 형태, 인원수, 분량 등을 고려하여 그릇을 선택할 수 있다. 2. 색과 모양의 조화를 맞춰 담아낼 수 있다. 3. 한과 종류에 따라 보관과 저장을 할 수 있다.
	13. 음청류 조리	1. 음청류 재료 준비하기	1. 음청류의 종류에 맞추어 도구와 재료를 준비할 수 있다. 2. 조리에 사용하는 재료를 필요량에 맞게 계량 할 수 있다. 3. 재료에 따라 요구되는 전 처리를 수행 할 수 있다.
		2. 음청류 조리하기	1. 음청류의 주재료와 부재료를 배합할 수 있다. 2. 음청류 종류에 따라 끓이거나 우려낼 수 있다. 3. 음청류에 띄울 과일, 꽃, 보리, 떡수단, 원소병 재료 등을 조리법대로 준비할 수 있다. 4. 끓이거나 우려낸 국물에 당도를 맞출 수 있다. 5. 음청류의 종류에 따라 냉, 온으로 보관할 수 있다.
		3. 음청류 담기	1. 조리종류와 색, 형태, 인원수, 분량 등을 고려하여 그릇을 선택할 수 있다. 2. 그릇에 준비한 재료와 국물을 비율에 맞게 담을 수 있다. 3. 음청류에 따라 고명을 사용할 수 있다.
	14. 한식 국 · 탕조리	1. 국 · 탕 재료 준비하기	1. 조리 종류에 맞추어 도구와 재료를 준비할 수 있다. 2. 조리에 사용하는 재료를 필요량에 맞게 계량할 수 있다. 3. 재료에 따라 요구되는 전 처리를 수행할 수 있다. 4. 찬물에 육수재료를 넣고 끓이는 시간과 불의 강도를 조절할 수 있다. 5. 끓이는 중 부유물을 제거하여 맑은 육수를 만들 수 있다. 6. 육수의 종류에 따라 냉, 온 으로 보관할 수 있다.

실기과목명	주요항목	세부항목	세세항목
		2. 국·탕 조리하기	1. 물이나 육수에 재료를 넣어 끓일 수 있다. 2. 부재료와 양념을 적절한 시기와 분량에 맞춰 첨가할 수 있다. 3. 조리종류에 따라 끓이는 시간과 화력을 조절할 수 있다. 4. 국·탕의 품질을 판정하고 간을 맞출 수 있다.
		3. 국·탕 담기	1. 조리종류와 색, 형태, 인원수, 분량 등을 고려하여 그릇을 선택할 수 있다. 2. 국·탕은 조리종류에 따라 온·냉 온도로 제공할 수 있다. 3. 국·탕은 국물과 건더기의 비율에 맞게 담아낼 수 있다. 4. 국·탕의 종류에 따라 고명을 활용할 수 있다.
	15. 한식 전·적조리	1. 전·적 재료 준비하기	1. 전·적의 조리종류에 따라 도구와 재료를 준비할 수 있다. 2. 조리에 사용하는 재료를 필요량에 맞게 계량할 수 있다. 3. 전·적의 종류에 따라 재료를 전 처리하여 준비할 수 있다.
		2. 전·적 조리하기	1. 밀가루, 달걀 등의 재료를 섞어 반죽 물 농도를 맞출 수 있다. 2. 조리의 종류에 따라 속 재료 및 혼합재료 등을 만들 수 있다. 3. 주재료에 따라 소를 채우거나 꼬치를 활용하여 전·적의 형태를 만들 수 있다. 4. 재료와 조리법에 따라 기름의 종류·양과 온도를 조절하여 지져 낼 수 있다.
		3. 전·적 담기	1. 조리종류와 색, 형태, 인원수, 분량 등을 고려하여 그릇을 선택할 수 있다. 2. 전·적의 조리는 기름을 제거하여 담아 낼 수 있다. 3. 전·적 조리를 따뜻한 온도, 색, 풍미를 유지하여 담아낼 수 있다.

조리산업기사(한식) 실기시험 지참준비물

순번	지참준비물	규격	단위	비고
1	위생복	상의-흰색, 긴소매 하의-긴바지(색상 무관)	1벌	위생복장(위생복, 위생모, 앞치마, 마스크)을 착용하지 않을 경우 채점 대상에서 제외됩니다. *긴소매는 손목까지 오는 길이를 의미합니다.
2	위생모	흰색	1EA	
3	앞치마	흰색(남녀 공용)	1EA	
4	마스크	–	1EA	
5	칼	조리용 칼(칼집 포함)	1EA	조리 용도에 맞는 칼
6	도마	흰색 또는 나무도마	1EA	시험장에도 준비되어 있음
7	계량스푼	–	1EA	
8	계량컵	–	1EA	
9	가위	–	1EA	
10	냄비	–	1EA	시험장에도 준비되어 있음
11	프라이팬	–	1EA	시험장에도 준비되어 있음
12	석쇠	–	1EA	
13	쇠조리(혹은 체)	–	1EA	
14	밥공기	–	1EA	
15	국대접	기타 유사품 포함	1EA	
16	접시	양념접시 등 유사품 포함	1EA	
17	종지	–	1EA	
18	숟가락	차스푼 등 유사품 포함	1EA	
19	젓가락	–	1EA	
20	국자	–	1EA	
21	주걱	–	1EA	
22	강판	–	1EA	
23	뒤집개	–	1EA	
24	집게	–	1EA	
25	밀대	–	1EA	
26	김발	–	1EA	
27	볼(bowl)	–	1EA	
28	종이컵	–	1EA	
29	위생타월	키친타월, 휴지 등 유사품 포함	1장	
30	면포/행주	흰색	1장	
31	비닐팩	위생백, 비닐봉지 등 유사품 포함	1장	

32	랩	–	1EA	
33	호일	–	1EA	
34	이쑤시개	산적꼬치 등 유사품 포함	1EA	
35	상비의약품	손가락 골무, 밴드 등	1EA	

※ 지참준비물의 수량은 최소 필요수량이므로 수험자가 필요시 추가지참 가능합니다.

※ 지참준비물은 일반적인 조리용을 의미하며, 기관명, 이름 등 표시가 없는 것이어야 합니다.

※ 지참준비물 중 수험자 개인에 따라 과제를 조리하는 데 불필요한 조리기구는 지참하지 않아도 됩니다.

※ 지참준비물에는 없으나 조리기술과 무관한 단순 조리기구는 지참 가능(예, 수저통 등)하나, 조리기술에 영향을 줄 수 있는 기구를 사용한 경우 채점대상에서 제외(실격)됩니다.

※ 위생상태 세부기준은 큐넷-자료실-공개문제에 공지된 "위생상태 및 안전관리 세부기준"을 참조하시기 바랍니다.

위생상태 및 안전관리 세부기준 안내

순번	구분	세부기준
1	위생복 상의	• 전체 흰색, 손목까지 오는 긴소매 − 조리과정에서 발생 가능한 안전사고(화상 등) 예방 및 식품위생(체모 유입방지, 오염도 확인 등) 관리를 위한 기준 적용 − 조리과정에서 편의를 위해 소매를 접어 작업하는 것은 허용 − 부직포, 비닐 등 화재에 취약한 재질이 아닐 것, 팔토시는 긴팔로 불인정 • 상의 여밈은 위생복에 부착된 것이어야 하며 벨크로(일명 찍찍이), 단추 등의 크기, 색상, 모양, 재질은 제한하지 않음(단, 핀 등 별도 부착한 금속성은 제외)
2	위생복 하의	• 색상 · 재질무관, 안전과 작업에 방해가 되지 않는 발목까지 오는 긴바지 − 조리기구 낙하, 화상 등 안전사고 예방을 위한 기준 적용
3	위생모	• 전체 흰색, 빈틈이 없고 바느질 마감처리가 되어 있는 일반 조리장에서 통용되는 위생모(모자의 크기, 길이, 모양, 재질(면 · 부직포 등) 은 무관)
4	앞치마	• 전체 흰색, 무릎아래까지 덮이는 길이 − 상하일체형(목끈형) 가능, 부직포 · 비닐 등 화재에 취약한 재질이 아닐 것
5	마스크	• 침액을 통한 위생상의 위해 방지용으로 종류는 제한하지 않음 (단, 감염병 예방법에 따라 마스크 착용 의무화 기간에는'투명 위생 플라스틱 입가리개' 는 마스크 착용으로 인정하지 않음)
6	위생화 (작업화)	• 색상 무관, 굽이 높지 않고 발가락 · 발등 · 발뒤꿈치가 덮여 안전사고를 예방할 수 있는 깨끗한 운동화 형태
7	장신구	• 일체의 개인용 장신구 착용 금지(단, 위생모 고정을 위한 머리핀 허용)
8	두발	• 단정하고 청결할 것, 머리카락이 길 경우 흘러내리지 않도록 머리망을 착용하거나 묶을 것
9	손 / 손톱	• 손에 상처가 없어야하나, 상처가 있을 경우 보이지 않도록 할 것 (시험위원 확인 하에 추가 조치 가능) • 손톱은 길지 않고 청결하며 매니큐어, 인조손톱 등을 부착하지 않을 것
10	폐식용유 처리	• 사용한 폐식용유는 시험위원이 지시하는 적재장소에 처리할 것
11	교차오염	• 교차오염 방지를 위한 칼, 도마 등 조리기구 구분 사용은 세척으로 대신하여 예방할 것 • 조리기구에 이물질(예, 테이프)을 부착하지 않을 것
12	위생관리	• 재료, 조리기구 등 조리에 사용되는 모든 것은 위생적으로 처리하여야 하며, 조리용으로 적합한 것일 것
13	안전사고 발생 처리	• 칼 사용(손 빔) 등으로 안전사고 발생 시 응급조치를 하여야하며, 응급조치에도 지혈이 되지 않을 경우 시험진행 불가
14	부정 방지	• 위생복, 조리기구 등 시험장내 모든 개인물품에는 수험자의 소속 및 성명 등의 표식이 없을 것 (위생복의 개인 표식 제거는 테이프로 부착 가능)
15	테이프사용	• 위생복 상의, 앞치마, 위생모의 소속 및 성명을 가리는 용도로만 허용

※ 위 내용은 안전관리인증기준(HACCP) 평가(심사) 매뉴얼, 위생등급 가이드라인 평가 기준 및 시행상의 운영사항을 참고하여 작성된 기준입니다.

위생상태 및 안전관리에 대한 채점기준 안내

위생 및 안전 상태	채점기준
1. 위생복(상/하의), 위생모, 앞치마, 마스크 중 한 가지라도 미착용한 경우 2. 평상복(흰티셔츠, 와이셔츠), 패션모자(흰털모자, 비니, 야구모자) 등 기준을 벗어난 위생복장을 착용한 경우	실격 (채점대상 제외)
3. 위생복(상/하의), 위생모, 앞치마, 마스크를 착용하였더라도 • 무늬가 있거나 유색의 위생복 상의 · 위생모 · 앞치마를 착용한 경우 • 흰색의 위생복 상의 · 앞치마를 착용하였더라도 부직포, 비닐 등 화재에 취약한 재질의 복장을 착용한 경우 • 팔꿈치가 덮이지 않는 짧은 팔의 위생복을 착용한 경우 • 위생복 하의의 색상, 재질은 무관하나 짧은 바지, 통이 넓은 힙합스타일 바지, 타이츠, 치마 등 안전과 작업에 방해가 되는 복장을 착용한 경우 • 위생모가 뚫려있어 머리카락이 보이거나, 수건 등으로 감싸 바느질 마감처리가 되어있지 않고 풀어지기 쉬워 일반 조리장용으로 부적합한 경우 4. 이물질(예, 테이프) 부착 등 식품위생에 위배되는 조리기구를 사용한 경우	'위생상태 및 안전관리' 점수 전체 0점
5. 위생복(상/하의), 위생모, 앞치마, 마스크를 착용하였더라도 • 위생복 상의가 팔꿈치를 덮기는 하나 손목까지 오는 긴소매가 아닌 위생복(팔토시 착용은 긴소매로 불인정), 실험복 형태의 긴가운, 핀 등 금속을 별도 부착한 위생복을 착용하여 세부기준을 준수하지 않았을 경우 • 테두리선, 칼라, 위생모 짧은 창 등 일부 유색의 위생복 상의 · 위생모 · 앞치마를 착용한 경우 (테이프 부착 불인정) • 위생복 하의가 발목까지 오지 않는 8부바지 • 위생복(상/하의), 위생모, 앞치마, 마스크에 수험자의 소속 및 성명을 테이프 등으로 가리지 않았을 경우 6. 위생화(작업화), 장신구, 두발, 손/손톱, 폐식용유 처리, 안전사고 발생처리 등 '위생상태 및 안전관리 세부기준'을 준수하지 않았을 경우 7. '위생상태 및 안전관리 세부기준'이외에 위생과 안전을 저해하는 기타사항이 있을 경우	'위생상태 및 안전관리' 점수 일부 감점
※ 위 기준에 표시되어 있지 않으나 일반적인 개인위생, 식품위생, 주방위생, 안전관리를 준수하지 않았을 경우 감점처리 될 수 있습니다. ※ 수도자의 경우 제복 + 위생복 상의/하의, 위생모, 앞치마, 마스크 착용 허용	

**Industrial Engineer Cook,
Korean Food**

한식조리산업기사 이론편

01 한식조리산업기사 이론편

Ⅰ. 한국음식의 특징

우리 나라는 삼면이 바다로 둘러싸여 있으며 사계절의 구분이 뚜렷하여 농사를 짓고 축산을 하기에 적합한 기후적 특성을 갖고 있다. 반도국가로서 대륙과 해양에서 문화를 받아들이고 전해줄 수 있는 지리적 위치로 인해 음식문화도 다양하게 발달하였다. 계절에 따라 생산되는 곡류, 채소류, 생선류 등으로 다양한 부식을 만들었고 장류, 김치류, 젓갈류 같은 발효식품을 만들어 저장해 두고 먹었다. 절기에 따라서 명절음식과 시절음식을 즐겼으며 지역마다 특산물을 활용한 향토음식도 발달하였다. 우리나라 음식문화의 특징은 반상차림으로 밥을 주식으로 하고 부식으로 반찬을 곁들인다. 또한 국물이 있는 음식을 즐기며 음식조리법은 찜, 전골, 구이, 전, 볶음, 조림, 숙채, 생채, 편육, 젓갈, 장아찌 등으로 조리법이 다양하다. 양념으로는 간장, 파, 마늘, 깨소금, 참기름, 고춧가루, 생강, 후춧가루 등을 사용하며 음양오행에 따라 오색 고명을 사용한다.

1. 일반적인 특징

1) 주식과 부식으로 구분된다.

2) 음식의 종류와 조리법이 다양하다.

3) 음양오행과 약식동원의 사상이 들어 있다.

4) 식사예절과 상차림이 발달하였다.

5) 계절에 따른 시절음식과 향토음식이 발달하였다.

6) 발효음식이 발달하였다.

2. 조리법상의 특징

1) 곡물을 이용한 조리법이 발달하였다.

2) 국, 탕, 찌개 같은 습열조리법이 발달하였다.

3) 재료를 썰거나 다지는 등 섬세한 조리기술이 요구된다.

4) 갖은 양념과 고명을 사용하여 조화로운 맛을 추구한다.

3. 제도상의 특징

1) 궁중음식, 반가음식, 통과의례상차림이 발달하였다.

2) 음식을 한 상에 차려내는 반상차림이다.

3) 일상식은 독상차림이다.

Ⅱ. 한국음식의 종류

1. 주식류

❶ 밥　밥은 한국의 대표적인 주식으로서 쌀, 보리, 조 등의 곡류에 물을 부어 가열하여 익힌 것으로 밥을 짓는 재료와 방법에 따라 종류가 다양하다. 멥쌀로 지은 흰 밥을 비롯하여 보리, 조, 수수, 콩, 팥 등의 잡곡을 섞은 잡곡밥이나 오곡밥이 있고 채소류, 어패류, 육류 등을 넣어 짓는 밥이 있다. 그리고 밥을 지어서 나물, 고기 등을 얹어서 비벼먹는 비빔밥 등이 있다.

밥맛은 쌀의 종류, 건조도, 쌀과 물의 양, 밥을 짓는 조리도구의 종류, 불의 세기, 밥을 짓는 시간에 의해 영향을 받는다.

밥을 지을 때는 먼저 쌀을 씻어 여름에는 30분, 겨울에는 1시간 정도 불리면 쌀이 빨리 퍼져 밥맛이 좋고 밥물의 비율은 쌀의 상태나 솥의 종류에 따라 약간의 차이가 있으나 대체로 쌀 부피의 1.2배, 무게의 1.5배가 적당하며, 햅쌀일 경우는 쌀과 동량의 물이 적당하고 찹쌀일 경우에는 0.8~1배의 물이 적당하다.

❷ 죽　죽은 한국의 음식 중에서 가장 일찍부터 발달한 주식의 한 가지로 곡물에 물을 부어 오랫동안 가열하여 완전히 호화시킨 것이다. 죽은 주식뿐만 아니라 유아식, 환자식, 노인식, 보양식, 구황식 등으로 다양하게 이용되어 왔다. 죽상을 차릴 때는 동치미나 나박김치, 젓국조치와 마른 찬을 곁들인다.

죽은 곡식을 충분히 불린 다음에 5~7배 정도의 물을 처음부터 정량을 넣어서 부드럽게 끓인다. 중간에 물을 넣으면 죽이 부드럽게 어우러지지 않는다. 죽은 약한 불에서 오랫동안 끓이는 것이 중요하고 나무주걱으로 저어가며 끓여 끓기 시작하면 너무 자주 젓지 않는다. 간은 죽이 완전히 호화된 다음에 하거나 먹는 사람의 기호에 따라 하도록

하며 죽을 쑤는 냄비나 솥은 두꺼운 재질이 좋으며 돌
이나 옹기로 된 것이 좋다.

죽은 쌀을 가장 많이 사용하여 끓이는데 쌀을 으깨
거나 갈지 않고 통으로 쑤는 죽을 옹근죽, 쌀을 굵게
갈아서 쑤는 죽을 원미죽, 쌀을 완전히 곱게 갈아서 미
끄럽게 쑤는 죽을 무리죽 또는 비단죽이라 한다.

미음은 곡물 10배 정도의 물을 부어 알맹이째 푹 무르
도록 끓여서 고운체에 밭친 것으로 죽보다 농도가 묽다.

응이는 곡물의 전분을 물에 풀어서 멍울이 지지 않
게 투명하고 묽게 끓인 것으로 죽이나 미음보다 농도
가 묽어 마실 수 있는 정도이다.

❸ 국수 · 만두 · 떡국　국수는
보통 점심상이나 혼례, 생일 등의 잔칫상에 오르는 음식
으로 밀가루, 메밀가루, 녹말가루 등의 가루를 반죽하여
가늘고 길게 썰거나 국수틀에 뽑아서 삶아 먹는 것으로
전분의 종류에 따라 밀국수, 메밀국수, 녹말국수가 있고,
온도에 따라 차게 먹는 냉면과 뜨겁게 먹는 온면이 있다.

만두는 밀가루나 메밀가루를 반죽하여 얇게 밀어서
육류나 채소로 만든 소를 넣어 빚어서 찌거나 장국에
삶아 익힌 것으로 겨울에는 생치만두, 김치만두, 봄에
는 준치만두, 여름에는 편수, 규아상 등을 먹는다.

떡국은 멥쌀가루를 쪄서 가래떡을 만들어 어슷하게 썰어 장국에 넣어 끓인 음식으로
새해 첫날에 먹는 절식이다. 흰 떡국, 개성의 조랭이떡국, 충청도의 생떡국 등이 있다.

2. 부식류

❶ 국　국은 밥과 함께 먹는 국물요리로서 반상 차림에 있어서 기본적이며 필수적인 음식이다.

　맑은 장국은 물이나 양지머리 육수에 건더기를 넣어 소금이나 국간장으로 간을 맞추어 끓인 국으로 무 맑은 국, 대합국, 콩나물국, 애탕, 완자탕, 미역국 등이 있다.

　토장국은 속뜨물에 된장으로 간을 맞추고 여러 가지 재료들을 넣어 끓인 국으로 냉이 된장국, 아욱국, 시금치토장국 등이 있다.

　곰국은 소의 양지머리, 사태, 머리, 사골, 족, 꼬리 등 소의 여러 부위를 오랜 시간 동안 푹 고은 것으로 설렁탕과 곰탕이 있다.

　찬국은 끓여서 차게 식힌 국물에 국간장과 식초로 간을 하여 생으로 먹을 수 있는 건더기를 넣어 여름철에 차게 먹는 국으로 오이냉국, 미역냉국, 가지냉국, 깻국탕, 임자 수탕 등이 있다.

❷ 찌개(조치) · 감정　찌개는 국에 비해서 건더기가 많고 국물이 적으며 간은 센 편으로 궁중에서는 조치라고 하였다.

　된장찌개는 속뜨물에 된장으로 간을 맞추어 된장 자체의 맛을 살리는 것이 중요하고 찌개의 맛을 돋우기 위해서 채소나 육류를 넣는다.

　고추장찌개는 속뜨물에 고추장과 국간장으로 간을 맞춘 것으로 생선, 두부, 버섯, 호박 등을 넣어 끓인다.

　젓국찌개는 새우젓으로 간을 맞춘 것으로 두부, 명란, 달걀 등을 넣어 끓인다.

　감정은 국물을 적게 잡아 끓인 고추장찌개를 말하여 게감정, 오이감정, 병어감정 등이 있다.

❸ **전골** 여러 가지 재료를 전골냄비에 색 맞추어 담고 양지머리 국물에 국간장으로 간을 하여 끓여 먹는 요리이다. 상 옆 화로 위에 전골틀을 올려놓고 즉석에서 끓이면서 먹는 것이 보통이다. 원래 전골은 재료를 굽거나 볶아 국물이 적어 구워가면서 먹는 음식이었

으나, 차츰 국물을 넉넉하게 부어서 끓이는 냄비전골로 변화되었다. 전골의 종류에는 소고기전골, 해물전골, 곱창전골, 두부전골, 낙지전골, 버섯전골, 신선로, 도미면 등이 있다.

❹ **찜 · 선** 찜은 반상, 교자상, 주안상 등에 차려내는 음식으로 재료를 큼직하게 썰어 갖은 양념을 하여 물을 부어 은근하게 오래 끓여 재료의 맛이 충분히 우러나고 무르게 익히는 조리법으로 갈비찜, 닭찜, 사태찜 등이 있다. 찜기나 시루를 이용하여 증기로 찌는 찜으로는 도미찜, 조기찜, 대하찜 등이 있다.

선(膳)은 좋은 음식이라는 뜻으로 흰살 생선이나 호박, 오이, 가지, 두부 등의 재료에 소를 넣고 육수를 부어 잠시 끓이거나 찌는 조리법이다. 어선, 호박선, 오이선, 가지선, 두부선 등이 있다.

❺ **생채(生菜) · 숙채(熟菜)**

생채는 계절마다 새로 나오는 채소의 싱싱함을 살릴 수 있게 초간장, 초고추장, 고춧가루, 겨자즙, 잣즙 등 여러 양념으로 무친 것으로 재료 본래의 맛을 살릴 수

있고 영양소의 손실을 줄일 수 있는 조리법이다. 도라지생채, 오이생채, 무생채, 더덕생채, 겨자채 등이 있다.

숙채는 채소를 끓는 물에 데쳐서 무치거나 기름에 볶아가며 갖은 양념을 한 음식으로 산나물, 고사리나물, 도라지나물, 애호박나물, 오이나물, 가지나물, 버섯나물, 구절판, 밀쌈 등이 있다.

❻ 조림 · 초(炒)　육류, 어패류, 채소류를 썰어 간장이나 고추장을 넣어 약불에서 간이 스며들도록 은근하게 오래 익히는 조리법으로 궁중에서는 조리개라고 하였다. 흰살 생선은 간장, 설탕, 생강 등을 넣어 조리고 붉은살 생선이나 비린 생선은 고춧가루나 고추장을 넣어 맵게 조린다. 소고기장조림, 생선조림, 두부조림, 연근조림, 우엉조림 등이 있다.

초(炒)는 볶는다는 뜻을 가지고 있으나 조림처럼 끓이다가 국물이 조금 남았을 때 녹말물을 약간 넣어 국물이 걸쭉하고 윤기가 나게 조리는 조리법으로 조림보다는 국물이 약간 더 많고 간은 약하고 달게 하며 윤기가 흐르는 것이 특징이다. 전복초, 홍합초, 삼합초 등이 있다.

❼ 볶음　볶음은 육류, 어패류, 채소 등을 손질하여 썰어서 기름에 국물이 거의 없게 볶아내는 조리법이다. 고온의 기름에 단시간 볶으므로 영양소 파괴가 적으며 볶는 도중에 간장이나 설탕을 넣어 조미하기도 한다. 오징어볶음, 닭갈비볶음, 제육볶음, 떡볶이 등이 있다.

❽ 전(煎) · 적(炙) · 누름적

전은 육류, 어패류, 채소 등의 재료를 다지거나 얇게
저며 밀가루와 달걀을 씌워 기름에 지진 조리법으로
궁중에서는 전유화, 전유어라고 하였으며, 부침개, 지
짐개, 간납이라고도 하였다.

적은 재료를 썰어 양념하여 꼬치에 꿰어 굽는 조리
법이고 산적은 재료를 썰어 양념하여 꼬치에 꿰어 양
념을 발라가면서 석쇠에 굽는 조리법이다. 고기산적,
닭산적, 떡산적, 파산적 등이 있다.

누름적은 재료를 양념하여 익힌 다음 꼬치에 색 맞추어 꿰어서 굽는 조리법으로 화양
적, 잡누름적이 있다.

지짐누름적은 양념한 재료를 꼬치에 꿰어서 밀가루를 묻힌 다음 달걀을 씌워 지지는
조리법이다.

❾ 구이

구이는 가장 원초적인 가열조리법
으로 재료를 그대로 또는 양념하여 굽는다. 굽는 방법
은 직접 불에 닿게 굽거나 석쇠를 이용하는 직접구이
와 프라이팬을 사용하여 굽는 간접구이가 있다. 그리
고 사용하는 양념에 따라 소금구이, 간장구이, 고추장
구이, 기름구이 등이 있다. 불고기, 갈비구이, 닭구이,
생선구이, 더덕구이 등이 있다.

❿ 회　　회는 어패류, 육류, 채소 등을 날것으로 먹는 것을 말하며 여기에는 육회, 소의 간, 처녑, 생선회, 조개 등이 있다. 살짝 데쳐서 먹는 숙회에는 문어회, 오징어회, 어채 등이 있다. 강회는 실파나 미나리를 데쳐서 편육, 지단, 고추 등을 썰어 만 다음 초고추장을 찍어서 먹는다.

⓫ 장아찌　　장아찌는 장과(醬瓜)라고도 하며 무·오이·더덕·도라지·고추 등의 채소류, 어패류, 해조류를 된장·간장·고추장·젓갈·식초 등에 담아 묵혀두고 먹는 저장발효음식이다. 숙장아찌처럼 즉석에서 만드는 장아찌도 있다.

⓬ 마른 찬　　마른 찬은 육류, 어패류, 채소 등을 저장해서 먹을 수 있도록 소금절이를 하거나 양념하여 말려서 튀기거나 볶아서 먹는 음식으로 밑반찬이나 술안주로 이용된다.

포는 육류나 생선을 조미하여 말린 조리법으로 육포와 어포가 있다.

튀각은 다시마, 미역국 등 물기가 적은 식품을 보관해 두었다가 기름에 튀긴 마른 찬이다.

부각은 고추, 깻잎, 김 등을 풀칠하여 말려두었다가 기름에 튀겨서 제철이 아닌 때에 별미로 먹을 수 있는 반찬이다.

❸ 편육   편육은 육류를 덩어리째 삶아 베보
자기로 싸서 무거운 돌로 눌러 두었다가 완전히 식어
굳으면 얇게 썬 음식으로 돼지고기와 쇠고기를 많이
이용하며 수육이라고도 한다. 쇠고기는 양지머리, 사
태, 쇠머리 등이 적당하고, 돼지고기는 삼겹살, 목살,
머리 부위가 좋다.

    쇠고기편육은 초간장을 곁들이고 돼지고기편육은
새우젓국이나 배추김치를 곁들이면 고기를 담백하게
즐길 수 있다.

❹ 족편 · 묵   족편은 소족, 소가죽, 소꼬
리, 소머리, 돼지머리 등 콜라겐이 풍부한 질긴 고기
를 장시간 동안 끓이면 콜라겐이 젤라틴으로 변한다.
뼈 등을 걸러낸 후 사각 틀에 부어서 굳힌 다음 얇게
썬 것으로 초간장이나 새우젓을 찍어서 먹는다.

    묵은 도토리, 메밀, 녹두 등을 맷돌에 갈아 가라앉힌 앙금을 풀처럼 되게 쑤어서 식혀
굳힌 음식이다. 양념간장으로 채소와 함께 무쳐서 먹기도 하고, 메밀묵은 신김치를 넣
어 무치기도 한다. 청포묵을 고기, 채소와 함께 초장으로 무친 것을 탕평채라고 한다.

❺ 김치   김치는 채소를 소금에 절여 행군 뒤
물기를 빼고 고춧가루, 마늘, 생강, 파, 젓갈 등으로
양념을 만들어서 버무린 한국을 대표할 만한 독특한
염장 발효식품이다. 채소가 부족한 계절에 비타민, 칼
슘, 유기산을 공급해 주는 중요한 저장식품이다.

3. 후식류

❶ 떡   떡은 곡식을 쪄서 찧거나 가루를 만들어서 찌거나 삶거나 기름에 지진 음식으로 우리나라는 명절, 관혼상제 같은 잔치나 축제에서 떡이 빠지지 않는다.

찌는 떡(甑餠)은 곡식을 불려서 가루로 만들어 시루에 안쳐 증기로 찌는 떡을 말하며 백설기, 밤설기, 각색편 등이 있다.

치는 떡(搗餠)은 곡식을 쪄서 찧거나 가루를 만들어서 시루에 찐 다음 뜨거울 때 절구나 안반에 쳐서 끈기가 나도록 한 떡을 말하며 인절미, 단자류, 가래떡 등이 있다.

삶는 떡(湯餠)은 찹쌀가루나 수수가루를 익반죽하여 동그랗게 빚어 끓는 물에 삶아내어 콩고물이나 깨고물 등을 묻힌 떡으로 경단류를 말한다.

지지는 떡(煎餠)은 찹쌀가루를 익반죽하여 모양을 만들어 기름에 지진 떡으로 화전, 주악, 부꾸미, 전병 등이 있다.

❷ 한과   한과(韓菓)는 한국의 전통적인 과자 또는 조과를 뜻하며 주로 곡식의 가루나 과일, 식물의 뿌리나 잎에 꿀, 엿, 설탕 등을 넣어 달콤하게 만든 후식이다.

유밀과(油蜜果)는 밀가루에 참기름을 넣어 섞은 다음 꿀과 술로 반죽하여 일정한 크기로 모나게 썰어서 모양을 만들거나 약과판에 찍어내어 기름에 지져 집청한 것으로 약과, 연약과, 만두과, 매작과, 중박계, 요화과 등이 있다.

유과(油果)는 찹쌀가루에 술을 넣고 반죽하여 찐 다음 많이 쳐서 모양을 만들어 건조시킨 후 기름에 지져내어 조청이나 꿀을 입혀서 깨나 쌀튀밥 등의 고물을 묻힌 것으로 산자, 강정, 빈사과 등이 있다.

정과(正果)는 과일이나 식물의 뿌리, 줄기, 열매 등을 꿀이나 설탕에 재우거나 조려서 만든 것으로 생강정과, 연근정과, 당근정과, 인삼정과, 도라지정과 등이 있다.

숙실과(熟實果)는 과일의 열매를 원형 그대로 또는 으깨어 익힌 다음 꿀, 설탕, 물엿을 넣어 조린 것으로 과실의 모양이 그대로 유지되는 것을 초(炒)라고 하며 밤초, 대추초가 있다. 익힌 재료를 으깨거나 다져서 꿀로 반죽하여 다시 원래의 모양으로 만든 것을 란(卵)이라 하고 율란, 조란, 생란 등이 있다.

다식(茶食)은 쌀가루, 콩가루, 송홧가루, 밤가루 등을 꿀로 반죽하여 다식판에 박아낸 것으로 주로 차를 마실 때 곁들이고 의례상에 놓는 필수 과정류이다. 송화다식, 흑임자다식, 콩다식, 진말다식 등이 있다.

과편(果片)은 신 과일의 즙에 꿀이나 설탕을 넣어 조리다가 녹말을 넣어 굳힌 다음 먹기 좋은 크기로 썬 후식으로 앵두편, 살구편, 오미자편, 포도편 등이 있다.

엿강정은 견과류나 곡식을 조청이나 물엿에 설탕을 알맞게 섞어서 끓인 엿물과 버무려 단단하게 굳힌 다음 먹기 좋게 썬 겨울철 영양 간식으로 깨엿강정, 호두강장, 땅콩강정, 잣강정, 들깨강정, 쌀강정 등이 있다.

❸ 차와 음료

한국의 전통음료에는 차, 화채, 식혜, 갈수, 숙수 등이 있으며 일상식, 제례, 연회상에 올린다.

차(茶)는 우려서 마시는 것으로 녹차, 작설차, 오룡차, 홍차 등이 있고, 한약재나 과실류를 물에 넣어 달여서 마시는 쌍화차, 모과차, 대추차, 유자차, 생강차 등이 있다.

탕(湯)은 꽃이나 말린 과일 등을 물에 담그거나 끓여서 마시거나 가루를 내어 오랫동안 조려 고(膏)를 만들어 저장해 두고 타서 마시는 음료로 제호탕, 봉수탕, 쌍화탕, 오미탕, 자소탕 등이 있다.

숙수(熟水)는 한약재 가루에 꿀이나 물을 넣고 달인 것과 향이 나는 식물의 꽃이나 열매 등을 끓인 물에 우려서 마시는 것이 있다. 자소숙수, 율추숙수, 정향숙수 등이 있다.

갈수(渴水)는 농축된 과일즙에 한약재 가루를 섞거나 한약재와 곡물, 누룩을 꿀물에 달인 것으로 임금갈수, 포도갈수, 모과갈수, 오미갈수 등이 있다.

미수(靡水)는 찹쌀, 멥쌀, 보리 등의 곡식을 찌거나 볶은 후 가루로 빻아 여름철에 냉수나 꿀물에 타서 마시는 음료로 찹쌀미수, 보리미수 등이 있다.

식혜(食醯)는 찹쌀밥이나 쌀밥에 엿기름 우린 물을 부어 당화시킨 음료로 생강과 설탕을 넣고 끓여 식힌 음료이다.

밀수(蜜水)는 재료를 꿀물에 타거나 띄워서 마시는 음료로서 송화밀수, 수정과 배숙, 떡수단 등이 있다.

화채(花菜)는 꿀물, 설탕물, 오미자물 등에 각종 과일을 썰어 넣거나 꽃잎이나 잣을 띄운 음료로, 띄우는 건더기에 따라 배화채, 진달래화채, 수박화채, 복숭아화채, 착면 등이 있다.

Ⅲ. 한국음식의 양념과 고명

1. 양념

양념은 음식 만들 때 식품이 지닌 고유한 맛을 살리고 음식마다 특유한 맛을 내기 위해 여러 가지 재료가 사용된다. 이러한 것들을 양념이라 하는데, 양념(藥念)은 먹어서 몸에 이롭기를 바라는 마음으로 여러 가지를 고루 넣어서 만든다는 뜻이 깃들어 있다. 양념은 조미료와 향신료로 나눌 수 있다. 조미료는 기본적으로 짠맛, 단맛, 신맛, 매운맛, 쓴맛의 다섯 가지 기본 맛을 내는 것들로, 음식에 따라 이들을 적당히 혼합하여 알맞은 맛을 낸다. 특히 우리나라는 한 가지 음식에 여러 가지 조미료를 넣어 만들기 때문에 다른 나라 음식과 비교하면 독특한 맛을 낸다. 향신료는 자체가 좋은 향기가 나거나 매운맛, 쓴맛, 고소한 맛 등을 내는 것이다. 또한 식품 자체가 지닌 좋지 않은 냄새를 없애거나 감소시키고 또한 특유한 향기로 음식의 맛을 더욱 좋게 하기도 한다.

❶ 소금　　인류가 이용해 온 조미료 중에서 역사가 가장 오래되었으며, 음식의 맛을 내는 데 있어서 가장 기본적인 조미료로 짠맛을 내며, 음식의 종류에 따라 맛있게 느껴지는 농도가 다르다. 맑은 국은 1%, 생선요리는 2%, 생채는 재료 무게의 3% 소금 농도가 최적이고 단맛의 과자류를 만들 때는 설탕의 0.5% 내외, 김치류는 8~10%, 젓갈류는 10~15%의 염도가 적당하다. 소금의 짠맛은 신맛과 함께 작용할 때는 신맛을 약하게 느끼게 하고, 단맛은 더욱 달게 느끼게 하는 맛의 상승작용이 있다. 소금은 식욕을 증진시키고 체내에서 체액의 삼투압을 일정하게 유지하는 기능을 한다.

소금은 제조방법에 따라 호렴, 재제염, 식탁염 등으로 나눌 수 있다. 호렴은 굵은소금 또는 천일염이라고 하며 김치류와 장류를 만들 때나 생선을 절일 때 사용한다. 재제염은 고운소금 또는 꽃소금이라고 하며 색깔이 희고 깨끗하여 일반적으로 음식의 간을 맞출 때 사용한다. 식탁염은 입자가 가장 고운 것으로 식탁에서 간을 조정하는 데 사용한다.

❷ 간장　　간장은 콩으로 만든 우리 고유의 발효식품으로, 음식의 간을 맞추는 데 쓰는 짠맛을 내는 액체 조미료이다. 육류섭취가 부족했던 우리나라 식생활에서 간장은 단백질 공급원으로 우수한 조미료이다. 간장의 일반성분은 장류의 종류와 지역, 제조자, 제조방식에 따라 크게 차이가 있는데, 장류의 주요 구성성분은 아미노산과 당류, 발효산물인 알코올과 유기산, 소금이며, 구수한 맛과 단맛과 짠맛, 고유의 향미가 조화된 천연의 조미료이다. 간장의 소금 농도는 보통 18~20%이며 맛은 숙성기간에 따라 큰 차이가 생긴다.

간장은 조리방법에 따라 다르게 사용되는데 국, 찌개, 나물 등에는 청장(국간장)으로 간을 하고 조림, 포, 육류 등의 양념에는 진간장을 사용한다.

간장을 만드는 방법에는 재래식과 개량식이 있다. 재래식이란 일반 가정에서 만드는 방법으로, 가을에 콩을 무르게 삶아 메주를 빚어 자연발효시킨 후 음력 정월 이후 소금물에 담가 숙성시킴으로써 맛과 색의 조화가 이루어진다. 그런 후에 메주를 뜨고 간장을 달이면서 맛과 수분을 조절한다. 재래식 메주는 여러 종류의 세균과 곰팡이가 번식하여 메주콩을 가수분해하므로 좋지 않은 맛과 냄새가 나는 물질이 생길 수 있으므로 간장을 담글 때 주의를 요한다. 개량식은 황곡에서 분리한 누룩곰팡이를 배양하여, 이것으로 누룩을 만든 후 삶은 콩에 섞어 발효시킨 메주로 간장을 담그면 단맛이 나는 양조간장이 된다. 개량식 간장은 황곡에 의하여 생성된 아미노산·포도당 등과 효모와 젖산균에 의하여 생성된 알코올과 젖산이 함유되어 있어 좋은 향미를 가지고 있다. 양조간장은 장시일이 걸려서 제조되는 반면, 아미노산 간장은 원료를 염산으로 단시간 내에 가수분해하여 아미노산을 생성한 다음, 소금으로 간을 맞추고 재래식 간장의 색·맛·향기를 내는 화학약품을 첨가하여 속성으로 제조한다.

❸ 된장　　된장은 콩으로 메주를 쑤어서 알맞게 띄우고, 소금물에 담가 40일쯤 두었다가 소금물에 콩의 여러 성분들이 우러나면 간장을 떠내고 남은 건더기로 이루어진다. 된장은 조미료이면서 단백질의 급원, 식염의 급원식품이기도 하다. 된장의 일

반성분은 단백질 함량이 높고 아미노산 구성도 좋으며, 소화율도 높은 편이다. 된장은 주로 토장국과 된장찌개의 맛을 내는 데 쓰이고, 쌈에 곁들이는 쌈장과 나물 및 장떡의 재료로 쓰인다. 된장의 종류에는 담북장, 막장, 집장, 청국장 등이 있으며 담북장은 콩으로 메주를 쑤어 납작하게 빚어 3~4일간 띄웠다가 말려서 3~4쪽으로 쪼개어 작은 항아리에 넣고 소금물을 짭짤하게 넣어 담그고, 따뜻한 곳에서 5~6일간 삭힌다. 먹을 때는 즙액과 덩어리를 함께 떠서 햇채소를 넣고 끓이는데 향기와 맛이 독특하여 봄철에 먹기 알맞은 별미장이다.

막장은 간장을 걸러내지 않은 장이며 맛이 진하고 구수하며 영양가도 높다. 집장은 즙장(汁醬)이라고도 하며 곱게 빻은 메줏가루를 보릿가루, 고춧가루와 함께 찹쌀죽에 섞은 뒤 소금에 절인 야채를 박아 넣고 익힌 장으로 담근 지 며칠 지나면 먹을 수 있으며 새콤하고 고소한 맛이 나서 보리밥과 잘 어울린다. 청국장은 무르게 익힌 콩을 뜨거운 곳에서 납두균이 생기도록 띄워 만든 장으로 영양분이 많고 소화가 잘 되는 식품이다.

❹ 고추장　고추장은 달고, 짜고, 매운 세 가지 맛이 적절히 어울려서 매운 맛을 내는 복합 발효 조미료이다. 메주콩의 protease 가수분해로 생성된 아미노산의 구수한 맛과 찹쌀, 멥쌀, 보리쌀 등의 탄수화물이 amylase에 의해 당화되어 생성된 당의 단맛, 고춧가루의 매운맛, 소금의 짠맛이 잘 조화되어 고추장 특유의 맛을 내며 영양적으로 우수한 식품이다. 재료의 혼합비율과 숙성과정의 조건에 따라 맛이 달라진다.

재래식 메줏가루를 사용하였을 때보다는 당화력과 단백질 분해력이 강한 국균(麴菌)으로 발효시킨 개량 메줏가루를 사용하면 훨씬 더 맛있는 고추장을 만들 수 있다.

최근에는 재래식 방법을 약간 개량하여 엿기름가루를 물에 담가 아밀로오스 효소를 추출한 물로 녹말을 반죽한 후 60℃ 이하의 온도에서 녹말의 일부를 당화시킨 다음 메줏가루·고춧가루·소금을 넣어 버무리는 방법도 있는데, 이 방법으로 담그면 고추장에 윤택이 나고 단맛이 더 강해진다.

❺ **설탕, 꿀, 조청**　　설탕은 사탕수수나 사탕무의 즙을 농축시켜 만들며 당밀성분을 많이 포함한 흑설탕과 황설탕보다 정제도가 높은 흰설탕의 단맛이 산뜻하다.

꿀은 약 80%가 과당과 포도당으로 구성되어 단맛이 강하고 흡습성이 있어 음식의 건조를 막아준다. 단맛과 향은 좋으나 가격이 비싸므로 주로 과자, 떡, 정과에 쓰인다.

조청은 곡류를 엿기름으로 당화시켜 오래 고아서 걸쭉하게 만든 것으로, 짙은 갈색이 나고 독특한 엿의 향이 남아 있다. 요즘에는 한과류나 밑반찬용의 조림에 많이 쓰인다.

❻ **식초**　　신맛은 음식에 청량감을 주고 식욕을 증가시키며 소화액의 분비를 촉진시켜 소화 흡수를 돕는다.

식초의 종류는 크게 양조식초, 합성식초, 혼성식초로 나눌 수 있다. 양조식초는 곡물이나 과실을 원료로 하여 발효시켜 만든 것으로 원료에 따라 쌀식초, 현미식초, 사과식초, 포도주식초 등이 있다. 합성식초는 빙초산을 만들어 물로 희석하여 식초산이 3~4%가 되도록 한다. 혼성식초는 합성식초와 양조식초를 혼합한 것으로 시중에 가장 많이 판매되고 있다. 이 중 양조식초는 각종 유기산과 아미노산이 가장 많이 함유된 건강식품이라고 할 수 있으며 조화된 감칠맛이 난다.

❼ **파**　　파는 유기황화합물을 함유하고 있어 독특한 자극성 냄새와 맛이 나서 향신료 중에 가장 많이 쓰인다. 파의 매운맛을 내는 물질인 황화아릴은 가열하면 향미성분은 부드러워지고 오히려 단맛이 강해진다.

파의 종류에는 대파, 실파, 쪽파 등이 있으며 파의 흰 부분은 다지거나 채를 썰어 양념으로 쓰는 것이 적당하고, 파란 부분은 찌개나 국에 넣는다.

❽ **마늘**　　마늘은 유기황화물질로 인해 독특한 자극성의 맛과 향기를 갖고 있어 특히 육류요리에 잘 어울린다. 마늘은 매운맛 성분인 알리신(allicin)의 작용에 의해 혈중 콜레스테롤이나 중성 지방질의 농도를 저하시켜 혈액순환을 촉진시킨다. 또한 음식에 넣으면 마늘의 살균작용에 의해 쉽게 상하지 않는다. 마늘은 논 마늘보다 밭 마늘이 육질이 단단하고 저장성이 좋으며 육쪽 마늘이 좋다. 나물, 김치, 찌개, 양념장에는 곱게 다져서 사용하고 나박김치, 동치미 등에는 채를 썰거나 납작하게 썰어 넣는다.

❾ **생강**　　생강은 진저론(zingeron), 쇼가올(shogaol) 같은 강한 향 성분을 가지고 있어, 어패류나 육류의 비린내를 없애주고 연하게 하는 작용을 한다. 생선이나 육류로 익히는 음식을 조리할 때는 생강을 처음부터 넣는 것보다 재료가 어느 정도 익은 후에 넣는 것이 효과적이다.

생강은 알이 굵고 껍질에 주름이 없는 것이 싱싱하다. 생강은 식욕을 증진시키고 몸을 따뜻하게 하는 작용이 있다.

❿ **후추**　　후추는 생선이나 육류의 비린내를 제거하고 음식의 맛과 향을 좋게 하고 식욕도 증진시킨다. 우리나라는 고려 때 수입한 기록이 남아 있는 것으로 보아 조선시대 중기 이후에 들어온 고추보다 훨씬 먼저 쓰였다.

검은 후추는 미숙한 후추열매를 건조한 것으로 향이 강하고 색이 검으므로 육류나 색이 진한 음식의 조미에 쓰였다. 흰 후추는 완숙한 후 후추열매를 물에 담가 껍질을 벗긴 것으로 매운맛도 약하고 향이 부드러우며 색이 연하므로 흰살 생선이나 색이 연한 음식에 적당하다.

후추의 향 성분인 캬비신(chavicine), 피페린(piperine)은 공기 중에 방치하면 매운맛도 약해지므로 소량씩 갈아서 잘 밀봉하여 사용하는 것이 좋다.

⑪ 고추 고추는 400여 년 전 임진왜란을 전후하여 남미원산지에서 중국 또는 일본으로부터 우리나라에 도입되었다.

비타민 A와 비타민 C가 풍부하고 살균작용이 있어 더운 지역에서 많이 사용되고 있으며 음식의 저장에도 이용된다. 고추의 매운 성분은 캅사이신(Capsaicin)으로 요리에 매운맛을 내기 위해 사용된다. 고추를 즐겨 먹는 나라로는 멕시코와 서아프리카, 중국의 쓰촨성, 후난성 등 여름에 더운 지역이 많으나 한국, 부탄 등 덥지 않은 지역에서도 고추가 들어간 요리를 좋아한다.

말리는 법에 따라 태양에 말린 태양초는 붉은빛이 선명하고 매운맛이 강하다. 증기건조법으로 말린 것은 색이 진하여 음식의 색이 곱지 않고 맛도 덜하다. 품종은 재래종이 개량종보다 크기가 작고 맵다.

⑫ 겨자 겨자 씨앗을 가루로 만들어 사용하며 건조할 때는 매운맛이 없으나 물로 개어서 공기 중에 방치하면 매운맛이 난다. 재래종은 물에 개어서 따뜻한 곳에 엎어 오래 두어야 매운맛이 나는데, 겨자의 매운맛 성분인 시니그린(sinigrine)의 매운맛을 더 강하게 하려면 40~45℃에서 발효시키는 것이 가장 좋다. 겨자채, 냉채류 등에 사용한다.

⑬ 참기름 참깨를 볶아 짠 것이며 세사몰(Sesamol) 성분은 고소한 맛과 독특한 향을 낸다. 식욕을 증진시키고 음식의 맛과 질감을 부드럽게 하므로 나물, 고기양념 등 향을 내기 위해 거의 모든 음식에 넣어 사용한다.

⑭ 들기름 들깨를 볶아서 짠 것이며 일반적으로 좋아하는 향이 아니어서 널리 사용되지는 않는다. 불포화지방산이 다량 함유되어 있으므로 오래 두면 산패되기 쉽다. 나물을 무치거나 김에 들기름을 발라서 구우면 독특한 맛을 느낄 수 있다.

⑮ 식용유 식용유는 콩기름, 면실유, 옥수수기름, 채종유 등이 있으며 부침이나 튀김요리를 할 때 많이 사용한다.

2. 고명

고명은 음식을 아름답게 느껴 식욕을 가지도록 모양과 색을 살리는데 맛보다는 장식으로 쓰인다. 한국음식은 겉치레보다는 맛에 중점을 두고 있기는 하나, 맛을 좌우하는 양념과 시각을 아름답게 하는 고명은 음식에 있어서 중요한 역할을 하고 있다.

고명은 웃기, 꾸미라고도 하며 색깔은 오행설에 바탕을 두어 붉은색(赤), 녹색(綠), 노란색(黃), 흰색(白), 검은색(黑)의 오색이 기본으로 식품들이 가지고 있는 고유의 자연색을 이용한다. 붉은색은 실고추·홍고추·대추·당근이 고명으로 쓰이며, 녹색은 호박·오이·미나리·실파·쑥갓·은행이 많이 쓰이고, 황색은 달걀의 황지단·알쌈이 쓰이며, 백색은 달걀의 백지단·잣·밤이 쓰이며, 검은색은 석이버섯·목이버섯·표고버섯·소고기 등이 이용된다.

❶ 달걀지단 달걀을 흰자와 노른자로 분리하거나 또는 분리하지 않고 그대로 소금으로 간을 한 뒤 팬에 기름을 두르고 약한 불에서 지져 용도에 맞는 모양으로 썬다. 황지단은 노란색, 백지단은 흰색의 대표적인 고명으로 쓰인다. 채를 썬 지단은 나물이나 잡채, 국수류에 쓰이고 직사각형이나 마름모꼴은 국이나 찜, 전골에 쓴다.

줄알이란 뜨거운 장국이 끓을 때 푼 달걀을 줄을 긋듯이 넣어 엉기게 하는 것인데 만둣국, 떡국에 쓰인다.

❷ 미나리   초대 미나리를 줄기부분만 다듬어 굵은 쪽과 가는 쪽을 꼬치에 번갈아 빈틈없이 꿰어서 칼등으로 자근자근 두드려 네모지게 한 장으로 하여 밀가루로 얇게 묻힌 후 달걀 푼 물에 담갔다가 팬에 기름을 두르고 지져 식으면 썰어 탕, 전골, 신선로 등에 넣는다.

❸ 고기완자   소고기의 살을 곱게 다지거나, 다진 소고기에 두부의 물기를 짜서 넣고 양념하여 고루 섞어서 은행만 하게 둥글게 빚는다. 완자에 밀가루를 입히고 풀어둔 달걀에 담가 옷을 입혀서 지진다. 면이나 신선로, 전골의 고명으로 쓰고 완자탕의 건지로 쓴다.

❹ 고기고명   소고기를 가늘게 채 썰거나 다져서 간장, 설탕 등으로 양념하여 볶아 떡국이나 국수의 고명으로 얹는다.

❺ 표고버섯   건표고는 씻은 후 따뜻한 물에 부드러워질 때까지 충분히 불려서 기둥을 떼고 용도에 맞게 골패형, 은행잎 모양, 채로 썰어서 고명으로 사용한다. 버섯을 불려서 우린 물은 맛 성분이 들어 있어 국이나 찌개의 국물로 이용하면 좋다. 전을 부칠 때는 작은 것으로 하고, 채로 쓸 때는 얇게 저며서 써는 것이 좋다.

❻ 석이버섯   석이버섯은 뜨거운 물에 불려 양손으로 비벼서 안쪽의 이끼와 돌가루를 말끔하게 벗기고 용도에 맞게 썰어서 사용한다. 석이를 채로 썰 때는 돌돌 말아서 썰어 보쌈김치, 국수, 선 등의 고명으로 쓴다. 곱게 갈아서 흰자에 섞어 석이지단을 부치거나 석이단자에 사용하기도 한다.

❼ 송이버섯   버섯구이, 전골요리 등 담백한 요리에 많이 이용된다. 송이버섯을 씻을 때는 짧은 시간에 씻어야 하며, 오랫동안 담가 두거나 껍질을 벗기면 향기가 없어진다. 갓이 너무 피지 않고, 줄기를 만져보아 단단하고 통통하며 짧은 것이 좋다.

❽ 실고추   붉은색이 고운 말린 고추를 갈라서 씨를 발라내고 젖은 행주로 덮어 부드럽게 하여 꼭꼭 말아서 곱게 채 썰어 사용한다.

❾ 실파와 미나리   가는 실파나 미나리 줄기를 데쳐서 적당한 길이로 썰어 찜, 전골이나 국수의 웃기로 쓴다. 푸른색을 좋게 하려면 넉넉한 물에 소금을 약간 넣고 데쳐내어 바로 찬물에 헹구어 식혀 쓰면 색이 곱다. 중조를 넣어주어도 푸른색이 선명해지지만 비타민 C가 파괴된다.

❿ 통깨   참깨를 잘 일어 씻어 볶아 그대로 나물, 잡채, 적, 구이 등의 고명으로 뿌린다.

⑪ 잣(실백) 　　잣은 딱딱한 껍질을 까고 얇은 껍질까지 벗겨서 사용한다. 잣은 되도록 굵고 통통하고 기름이 겉으로 배지 않고 보송보송한 것이 좋다. 통잣이나 가로로 반 가른 비늘잣은 전골, 탕, 신선로 등의 고명으로 쓰거나 차, 화채에 띄우고 잣가루는 회나 적, 구절판 등의 완성된 음식에 뿌려주기도 한다. 잣가루는 도마 위에 종이를 겹쳐서 깔고 잘 드는 칼로 곱게 다진다.

⑫ 은행 　　딱딱한 껍질을 까고 달구어진 팬에 기름을 두르고 굴리면서 볶아 마른 종이나 행주로 싸서 비벼 속껍질을 벗긴다. 소금을 약간 넣고 끓는 물에 은행을 넣고 데쳐서 벗기는 방법도 있다. 신선로, 전골, 찜 등의 고명으로 쓰이고 마른안주로도 쓴다.

⑬ 호두 　　껍질을 깨서 알맹이가 부서지지 않게 꺼내어 반으로 갈라서 뜨거운 물에 잠시 담가 속껍질을 벗긴다. 신선로, 전골, 찜 등의 고명으로 쓰이고 녹말가루를 고루 묻혀 기름에 튀겨서 소금을 약간 뿌려 마른안주로도 쓴다.

⑭ 대추 　　대추는 실고추처럼 붉은색의 고명으로 쓰이는데 단맛이 있어 떡류나 한과류에 많이 쓰이며 곱게 채 썰어 보쌈김치, 백김치, 차 등에 쓰인다.

Ⅳ. 한국음식의 상차림

여러 가지 음식을 한 상에 모아 차리는 것을 상차림이라 한다. 우리의 상차림은 일상식 상차림과 통과의례나 특별한 행사 때 차려지는 의례식 상차림으로 나눌 수 있다. 한 상에 차리는 음식의 내용을 적은 것을 예전에는 음식발기 또는 찬품단자라 했고 요즈음은 식단이라고 하며 서양식의 메뉴에 해당된다.

1. 식단 작성의 기본 원칙

일상적인 경우는 하루에 필요한 영양권장량을 고려하여 세 끼의 식사를 영양적으로 편중되지 않게 짜는 것이 가장 중요하다. 그리고 경제적 여건과 작업능률 등도 함께 고려해야 한다. 다음은 일상식뿐만 아니라 일반적으로 여러 가지 상차림의 식단을 작성할 때의 유의점이다.

가. 반상, 면상, 주안상 등 상차림의 종류에 맞는 음식을 택한다.
나. 계절과 식사하는 시간대를 고려한다.
다. 대상의 인물 구성과 연령, 성별 등을 고려한다.
라. 계절에 흔한 식품을 우선적으로 이용한다.
마. 식품의 천연의 맛, 색, 모양 등을 잘 살리도록 한다.
바. 다양한 조리법을 이용하여 변화 있는 음식을 만든다.
사. 찬 음식과 더운 음식을 조화 있게 구성한다.
아. 전채음식, 주된 음식, 후식의 성격을 확실히 구별하여 대접한다.

2. 일상식 상차림

❶ 반상차림

우리의 반상차림은 독상이 원칙이었으나 점차 겸상을 하거나 두레반상으로 변하였다. 밥을 주식으로 반찬을 부식으로 차리며 반찬의 수에 따라 3첩, 5첩, 7첩, 9첩, 12첩으로 나누는데 3첩은 서민의 상차림이고, 여유가 있을 때는 5첩 반상을 차리기도 하였다. 7첩 반상은 생신이나 잔치 때, 손님 대접을 할 때 차리는 상차림이며, 9첩 반상은 양반가 최고의 상차림이었으며, 12첩은 임금님에게 드리는 반상으로 수라상이라 한다. 반상을 받는 신분에 따라 밥상, 진지상, 수라상이라 하였다.

반상에 기본적으로 차리는 음식은 밥, 국, 김치, 장류, 찜, 찌개로 첩수로 세지 않는다. 첩수에 들어가는 찬품으로는 생채, 숙채, 구이, 조림, 전, 장과, 마른 찬, 젓갈, 회, 편육 등으로 쟁첩에 담는다.

반상차림의 형식

(1) 3첩 반상(서민의 상차림)

밥, 국, 김치, 장 외에 3가지 반찬으로 구성된다.

3가지 반찬은 숙채(생채), 구이(조림), 장아찌(마른 찬, 젓갈)로 차린다.

3첩 반상 • 기본 : 국, 김치, 간장
• 반찬 : 숙채(생채), 구이(조림), 장아찌(마른 찬, 젓갈)

(2) 5첩 반상(여유 있는 서민의 상차림)

밥, 국, 김치(2), 장(2), 찌개 외의 5가지 반찬으로 구성된다.

5가지 반찬은 숙채(생채), 구이, 조림, 장아찌(마른 찬, 젓갈), 전으로 차린다.

5첩 반상 • 기본 : 국, 배추김치, 깍두기, 간장, 초간장, 찌개
• 반찬 : 숙채(생채), 구이, 조림, 장아찌(마른 찬, 젓갈), 전

(3) 7첩 반상(양반가의 상차림)

밥, 국, 김치(2), 장(3), 찌개(2), 찜(전골) 외에 7가지 반찬으로 구성된다.

7가지 반찬은 숙채, 생채, 구이, 조림(초), 장아찌(마른 찬, 젓갈), 전, 회(편육)로 차린다.

7첩 반상 • 기본 : 국, 배추김치, 물김치, 간장, 초간장, 초고추장, 토장찌개, 맑은 찌개, 전골(찜)
• 반찬 : 숙채, 생채, 구이, 조림(초), 장아찌(마른 찬, 젓갈), 전, 회(편육)

(4) 9첩 반상(양반가의 상차림)

밥, 국, 김치(3), 장(3), 찌개(2), 찜(선), 전골 외에 9가지 반찬으로 구성된다.

9가지 반찬은 숙채, 생채, 구이, 조림(초), 장아찌, 마른 찬, 젓갈, 전, 회(편육)로 차린다.

9첩 반상 ・기본 : 국, 배추김치, 총각김치, 물김치, 간장, 초간장, 초고추장, 찌개(2), 찜(선), 전골
・반찬 : 숙채, 생채, 구이, 조림(초), 장아찌, 마른 찬, 젓갈, 전, 회(편육)

(5) 12첩 반상(수라상)

수라상은 왕과 왕비의 평상시 밥상으로 밥에 대한 표현은 상을 받는 이의 위상(位相)에 따라 밥・진지・메・수라 등으로 분류하며 임금의 진지를 '수라(水剌)'라 하는데 이 말은 몽골의 부마국이던 시대에 몽골어에서 전해진 것이라 한다. 수라상은 이른 아침에는 초조반, 아침수라에는 조반, 점심수라에는 낮것상, 저녁수라에는 석반, 밤중에는 야참이라 하며 하루에 다섯 번의 식사를 하였다.

초조반은 아침 7시 전에 탕약을 드시거나 죽・응이・미음 등의 유동음식을 기본으로 하여 젓국찌개・동치미・마른 찬으로 구성된 간단한 죽상을 차렸다.

아침수라는 10시경, 저녁수라는 오후 5시경, 낮에는 낮것상이라고 하여 면상과 다과상을 차렸다. 임금의 수라상은 12첩 반상 차림으로서 반찬 가짓수는 12가지로 정해져 있고 반찬 종류는 계절에 따라 바뀌며 식사 예법도 매우 까다로운 편이었다.

궁중에서 수라상은 수라간(水剌間)에서 주방상궁들이 만들어서 왕과 왕비가 각각 동온돌과 서온돌에서 받으며 겸상은 하지 않는다. 시중 드는 수라상궁도 각각 3명씩 대령하며, 상궁 중에서 나이가 가장 많은 상궁은 기미상궁이라 하여 임금이 먹는 음식의 검식을 담당하였다. 또 한 명은 그릇의 뚜껑을 여닫는 시중을 들고, 나머지 한 명은 전골 만드는 일을 담당하였다. 수라상은 원반(元盤: 수라상)과 곁반·책상반 등 3개의 상이 들어온다.

원반에는 흰수라·탕·조치(찌개)·찜(또는 선)·전골·김치·장·12가지 반찬류(편육·전·회·숙란·조림·구이·적·나물·생채·장아찌·젓갈·자반)를 놓고, 곁반에는 팥수라·전골함·별식 육회·별식 수란·은공기 3개·차관·찻주발·빈 사기 접시 3개를 놓는다. 책상반에는 찜·곰탕·더운 구이·젓국조치·전골·고추장조치 등을 놓는다.

12첩 반상은 밥(2), 국(2), 김치(3), 장(3), 찌개(2), 전골 외에 12가지 반찬으로 구성된다.

12가지 반찬은 숙채, 생채, 구이(2), 조림(초), 장아찌, 마른 찬, 젓갈, 전, 회, 편육, 수란 등으로 차린다.

12첩 반상 · 기본 : 흰밥, 팥밥, 미역국, 곰탕, 배추김치, 깍두기, 동치미, 간장, 초간장, 초고추장, 토장찌개, 젓국찌개, 찜(선), 전골
· 반찬 : 숙채, 생채, 구이(2), 조림(초), 장아찌, 마른 찬, 젓갈, 전, 회, 편육, 수란

❷ 죽상차림   죽, 응이, 미음 등의 유동식이 주식이 된다. 죽상에 올리는 김치는 국물이 있는 동치미나 나박김치로 하고 찌개는 젓국이나 소금으로 간을 한다. 이 외에 육포나 북어무침, 매듭자반 등의 마른반찬을 두세 가지 정도 함께 차려낸다.

❸ 면상차림(장국상, 만두상, 떡국상)   점심 또는 간단한 식사에 어울리는 상으로 국수나 만두·떡국으로 차려지며, 전·잡채·김치·찜·겨자채·편육·생채 등의 반찬을 차린다. 후식으로 떡, 한과, 과일을 곁들이고 식혜나 수정과 등을 차린다.

❹ 주안상차림   술을 대접하기 위해 차리는 상으로 청주·소주·탁주 등과 함께 전골이나 찌개 같은 국물 있는 음식을 내며, 전유어·회·편육·김치를 술 안주로 낸다.

   술의 종류와 손님의 기호에 맞추어 안주를 준비한다. 술자리가 거의 끝나면 식사를 위하여 면상을 내거나 후식으로 다과상을 차린다.

❺ 교자상차림   명절, 잔치, 회식 때 큰 상에 음식을 차려 놓고 여러 사

람이 둘러앉아 먹는 상이다. 주식은 냉면이나 온면, 떡국, 만두 중에 계절에 맞는 것을 내고 탕, 찜, 편육, 적, 전유어, 회, 신선로 등을 차린다. 여러 종류의 음식을 만들어 대접하는 것보다 몇 가지 요리를 중심으로 재료, 조리, 영양, 색채 등이 조화를 이루도록 정성껏 만들어 차리는 것이 좋다.

❻ 다과상차림   다과상은 평상시 식사 이외의 시간에 다과만을 내는 경우와 주안상이나 장국상의 후식으로 내는 경우가 있다. 전자에는 떡과 조과류를 많이 준비하고 후자에는 한두 품목만 선택해도 좋다.

3. 의례식 상차림

❶ 백일상   아기가 출생한 후 백일 되는 날을 축하하기 위해 상을 차린다. 무사히 백일을 지내온 아기를 축복하고 무병장수를 기원하는 날이다. 백일상에는 흰 밥, 미역국, 백설기, 수수경단, 오색송편을 차린다. 백설기는 순수무구와 신성함을 뜻하고 오색송편은 만물의 조화를 의미하며 수수경단의 붉은색은 액을 면하기를 기원하는 의미를 갖고 있다.

❷ 돌상   아기가 출생한 후 첫 생일을 축하하기 위해 상을 차린다. 돌상에는 쌀, 삶은 국수, 백설기, 수수경단, 오색송편, 과일, 대추, 흰 타래실, 붓, 벼루, 돈을 올린다.

남아의 돌상에는 천자문·활·화살을 놓고, 여아의 돌상에는 국문책·색실·자를 놓고 돌잡이를 한다. 쌀은 식복이 많기를 기원하고, 국수나 흰 타래실은 장수를 기원하며, 대추는 자손의 번영을 기원하고, 돈은 부귀영화를 기원한다. 붓·벼루·책은 문운을 기원하고, 활·화살은 무운을 기원하는 의미가 있다.

❸ **혼례상**　　신랑, 신부가 혼례식을 올리며 절을 할 때 차리는 상을 교배상이라 한다. 떡과 과일류를 올리고 쌀, 콩 등의 곡물과 대나무, 사철나무를 놓는다. 손님들에게는 장국상을 대접하고 혼례가 끝나면 신랑은 신부집에서 신부는 신랑집에서 큰상을 받는데 큰상은 고임상 외에 당사자들 앞에 각각 면상을 차려주게 되고 이를 입맷상이라 한다. 신부가 시부모님과 시댁의 친족에게 처음으로 인사를 드릴 때 차리는 음식을 폐백음식이라 하며 육포나 편포, 대추, 밤, 술 등을 준비하는데 지방과 가문에 따라 다르다. 이바지음식은 혼례 전이나 혼례를 치른 후에 신부 어머니가 장만한 음식을 신랑집에 보내면 신랑집에서도 답례로 음식을 해보내어 사돈 간의 정을 주고받는 풍습이다. 이바지음식은 그 집안의 솜씨와 가풍과 지위를 알 수 있고 집안에 따라 음식의 가짓수와 조리법도 다르다.

❹ **회갑 수연상**　　60세 되신 어른의 생신을 축복하고자 자손들이 손님을 초대하여 잔치를 베풀고 더 오래 장수하시기를 기원하는 상차림이다. 가장 정성스럽고 화려한 상차림으로 큰상은 음식을 높게 고이므로 고배상이라 하는데 또는 그 자리에서 먹지 않고 바라만 본다고 하여 망상이라고도 한다. 상차림은 지방, 가문, 계절에 따라 차이가 있다. 큰상 뒤로는 어른이 드실 수 있도록 국수, 구이, 조림, 찜, 편육, 화채, 김치, 신선로 등을 준비해 입맷상을 차린다.

❺ 상례상 사람이 수명을 다하여 땅에 묻은 뒤 대상을 지내고 담제, 길제를 지내는 것으로 탈상을 하게 되는 의식을 말한다. 장례를 치르면서 고인을 알고 지내던 조문객을 위해 음식을 장만하는 것도 상례 때의 큰일 중 하나이다. 음식은 주로 밥, 육개장, 나물, 조림, 편육, 떡, 과일, 술, 안주 등을 차린다.

❻ 제례상 제례는 돌아가신 조상의 은덕을 추모하여 지내는 의식절차이며 고인이 돌아가신 날에 해마다 한 번씩 지내는 기제와 정월 초하루와 추석 명절에 지내는 차례가 있다.

진설법은 5열로 차리는 것이 기본이지만 3열로 간소하게 차리기도 한다.

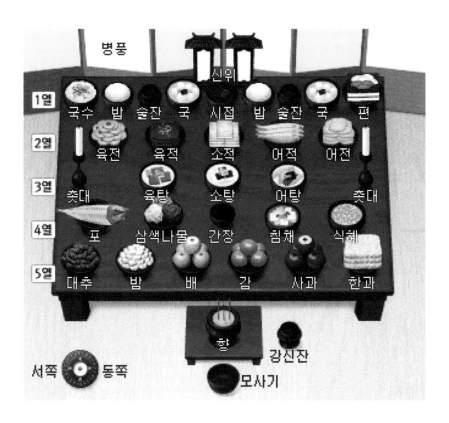

제1열은 메(밥), 갱(국)을 올리며 메와 갱은 좌반우갱(左飯右羹)으로 메는 왼쪽으로 갱은 오른쪽에 올리며 잔은 메와 갱 사이에 둔다.

제2열은 적과 전을 올리며 어동육서(魚東肉西)라 하며, 어류는 동쪽에 육류는 서쪽에 올리며 두동미서(頭東尾西)라 하여 생선의 머리는 동쪽, 꼬리는 서쪽을 향하도록 차린다.

제3열은 탕을 올리는데 어탕은 동쪽에 육탕은 서쪽에 소탕은 가운데 차린다.

제4열은 포, 혜, 나물, 김치를 올리며 좌포우혜(左脯右醯)라 하여 포는 왼쪽에 두고 식혜는 오른쪽에 차린다. 나물류, 청장은 가운데 놓는다.

제5열은 신위에서 가장 먼 열로 과일과 조과를 차린다. 과일은 홍동백서(紅東白西)라 하여 붉은색의 과일은 동쪽에 흰색의 과일은 서쪽에 차린다. 조과는 조율이시(棗栗梨柹)라 하여 대추, 밤, 배, 감의 순서로 차린다.

Ⅴ. 한국의 명절음식과 시절음식

우리나라는 세시풍속이 발달하였다. 세시음식은 절식과 시식으로 나뉘는데, 절식은 명절에 차려먹는 음식이며 시식은 계절에 따라 제철에 나는 식재료를 이용하여 만든 음식이다.

❶ 설날   음력 1월 1일로 새해의 첫날을 맞이하여 가내 평안을 기원하며 세찬과 세주를 마련하여 조상님께 차례를 올린다. 설날음식으로는 떡국, 만둣국, 약식, 인절미, 빈대떡, 편육, 강정류, 수정과, 식혜 등을 마련한다.

❷ 정월 대보름   음력 1월 15일로 달이 가득 찬 날이라 하여 재앙과 액을 막는 제를 지내는 날이다. 가장 대표적인 음식은 약식이며 그 외 귀밝이술, 오곡밥, 묵은 나물, 부럼, 원소병을 차린다.

❸ 삼월   삼짇날 음력 3월 3일로 강남 갔던 제비가 돌아온다는 날로 들로 나가 진달래화전, 진달래화채, 쑥떡, 화면 등을 만들며 화전놀이를 하였다.

❹ 한식   음력 4월 5일로 청명절이라고도 한다. 이날 성묘를 하는데 약주, 과일, 포, 식혜, 떡, 적, 탕 등의 음식을 준비한다.

❺ 4월 초파일   음력 4월 8일로 석가탄신을 경축하는 날이며 절식으로
는 느티떡, 화전, 녹두찰떡, 미나리나물, 화채, 미나리강회, 청면 등이 있다.

❻ 단오   음력 5월 5일로 부녀자들이 창포 삶은 물에 머리를 감는다. 여자들
은 그네를 타고 남자들은 씨름을 즐긴다. 수레바퀴 모양의 수리취떡, 제호탕, 도미찜,
준치국, 붕어찜, 앵두화채, 어채 등을 먹는다.

❼ 유두   음력 6월 15일에 동으로 흐르는 물에 머리를 감고 재앙을 풀고 음식
을 만들어 즐기던 날이다. 절식으로는 증편, 떡수단, 편수, 보리수단, 상추쌈, 밀쌈, 상
화병 등이 있다.

❽ 삼복   초복, 중복, 말복을 합하여 삼복이라 하며 가장 더운 날에 몸을 보신
하기 위해 음식을 만들었다. 절식으로는 육개장, 삼계탕, 민어국, 개장국, 임자수탕 등
이 있다.

❾ 칠월 칠석   음력 7월 7일을 칠석일이라 하며 견우와 직녀가 만나는 날
이다. 절식으로는 증편, 밀국수, 취나물, 고비나물, 잉어, 넙치, 밀전병, 복숭아화채,
오이소박이 등이 있다.

⓿ **한가위**   음력 8월 15일로 햇곡식을 추수하여 떡을 빚고 밤, 대추, 감 등의 햇과일을 올려 차례를 지내고 성묘하는 날이다. 절식으로는 송편, 토란탕, 화양적, 지짐누름적, 송이산적, 햇과일 등이 있다.

⓫ **무오일**   10월에는 각 가정마다 햇곡식으로 술을 빚고 증병을 만들어 말이 잘 크고 무병하기를 빈다. 절식으로는 무시루떡, 유자화채, 국화전, 연포탕, 신선로 등이 있다.

⓬ **동지**   붉은 팥죽을 쑤어 장독대와 대문 주위에 뿌려 귀신을 쫓아 액을 막는 날로 절식으로는 찹쌀 새알심을 넣은 팥죽, 동치미 등이 있다.

Ⅵ. 한국의 향토음식

한반도는 남북으로 길게 뻗은 지형으로 동쪽, 남쪽, 서쪽은 바다에 둘러싸여 있고 북쪽은 압록강, 두만강으로 중국 대륙과 경계를 이룬다. 그러므로 동서남북의 지세와 기후 여건이 매우 다르므로 그 지방의 산물이 각각 특색이 있다. 향토음식은 그 지방에서 산출되는 재료를 고유의 조리법으로 조리하여 과거로부터 현재까지 계속 전승되며 사람들이 먹는 그 지방만의 특유한 음식을 말한다. 따라서 자연환경과 역사적·사회적 환경에 영향을 받으며 정착된 그 지역의 고유한 토착음식이다. 우리나라에서는 화려하고 다양하며 음식솜씨가 좋은 곳으로 서울, 개성, 전주 세 지역을 꼽을 수 있으며 각 도별 특색은 다음과 같다.

1. 서울

한반도의 서쪽 중심부에 위치해 있고 조선 초기부터 500년 이상의 도읍지여서 궁중음식 문화의 전통이 이어지는 곳으로 음식문화에 많은 영향을 주었다. 전국 각지에서 생산되는 많은 식재료들이 모두 모이는 곳으로 풍부한 식재료를 활용하여 다양하고 고급스런 음식을 만들었다.

음식은 짜지도 맵지도 않으며 음식을 먹을 때 식사예절을 지키고 웃어른을 공경하는 법도를 가졌다. 음식을 만들 때 정성을 들이고 음식의 분량은 적으나 가짓수를 많이 만든다. 또 격식이 까다롭고 맵시를 중히 여기며 멋스러운 것이 특징이며 의례음식이 발달하였다. 달걀지단·실고추·석이버섯·미나리 등 오색고명을 사용하며, 신선로·구절판·탕평채 등의 화려한 음식이 많고, 만두·편수·죽 등을 즐겨 먹고, 설렁탕·곰탕·육개장 등의 탕반이 유명하다.

젓국은 새우젓, 조기젓, 황석어젓 등 담백한 것을 즐겨 쓰며 김치는 섞박지, 보쌈김치, 총각김치, 깍두기가 유명하다.

떡은 각색편, 각색단자, 약식 등이 있고 조과는 매작과, 약과, 각색다식, 엿강정, 정과 등이 있다. 음청류는 앵두화채, 오미자화채, 대추차, 인삼차와 한약재를 달인 차를 즐긴다.

2. 경기도

서해안은 해산물이 풍부하고 동쪽의 산간지대는 논농사와 밭농사가 골고루 발달하여 곡물과 채소가 풍부하다. 음식은 개성음식을 제외하고는 전반적으로 소박하면서도 수수한 편이다.

음식의 간은 싱거운 편이며 양념도 많이 쓰지 않는다. 고려의 도읍지였던 개성지방의 음식은 다양하고 사치스러우며 정성을 많이 들이고 만드는 법이 까다로운 편이다. 제물칼국수나 메밀칼싹두기, 수제비 등 국물이 걸쭉하고 구수한 음식이 많고 토장국이나 젓국찌개를 즐겨 끓이며 삼계탕이나 개성닭젓국, 민어탕도 즐겨 먹는다. 떡은 시루떡, 인절미, 절편, 수수부꾸미, 쑥개떡이 있으며 조과는 약과, 강정, 정과, 다식, 엿강정 등이 있다. 수원의 쇠갈비구이가 유명하며 개성음식으로는 조랭이떡국, 무찜, 편수, 홍해삼 등과 약과, 개성주악, 경단 등이 유명하다.

3. 충청도

서해안에 위치한 충청남도와 소백산맥 자락의 충청북도로 이루어져 있어 서쪽 해안 지방은 해산물이 풍부하나 내륙에서는 신선한 생선을 구하기가 어려웠다. 따라서 절인 자반생선이나 말린 것을 먹었으며 농사를 주로 지어 쌀, 보리, 고구마, 무, 배추 등이 생산된다. 충북 내륙의 산간지방에는 산채와 버섯이 많이 생산되어 그것으로 만든 음식이 유명하다. 충청도 음식은 소박한 인심을 나타내듯 음식 맛이 순하고 꾸밈이 별로 없다. 농산물이 풍부하여 죽, 국수, 수제비 등과 떡을 많이 만들고 서해안 지역에서는 굴이나 조갯살 등 해산물로 국물을 내어 칼국수, 떡국을 끓이고 호박범벅도 자주 하는 편이다. 된장을 많이 쓰는 편이며 겨울에는 청국장을 만들어 구수한 찌개를 끓인다. 김치는 조기젓, 황석어젓, 새우젓을 많이 쓰고 소박한 김치를 담그며 갓, 미나리, 대파, 삭힌 고추, 청각 등을 많이 사용한다. 배추와 무를 큼직하게 썰어 반반 섞은 섞박지와 총각김치는 양념이 적어 시원한 맛이 난다. 별미음식은 간월도의 어리굴젓이 있고 올갱이로 만든 된장찌개와 무침도 있고 늙은 청둥호박 안에 꿀을 넣고 중탕한 호박 꿀단지도 있다.

4. 강원도

영서지방과 영동지방에서 나는 산물과 산악지방 및 해안지방에서 나는 산물이 서로 다르다. 산악지방에서는 밭농사가 활발하여 옥수수, 메밀, 감자 등의 잡곡이 많아 이를 이용한 음식이 매우 다양하다. 해안지방에서는 명태, 오징어, 미역을 건조시켜 황태, 마른오징어, 마른미역이 많으며 명란젓, 창란젓 등 젓갈을 많이 담근다. 산악지방에서는 육류를 거의 쓰지 않는 음식이 많으며, 해안지방에서는 멸치나 조개 등을 넣어 음식 맛을 돋우며 극히 소박하고 먹음직스럽다. 강냉이밥, 메밀막국수, 강냉이범벅, 감자범벅, 산채와 버섯으로 만든 나물류나 생채가 있다. 양양의 송이가 유명하며 오징어를 이용한 양념구이, 동태를 이용한 찜, 구이, 순대를 많이 만들고 떡은 감자가루에 무소를 넣어 송편을 빚고 경단과 개떡이 있다. 배추김치에 싱싱한 생오징어채와 꾸득꾸득 말려서 잘게 썬 생태를 소로 넣고 담근 김치가 특히 감칠맛이 있다. 별미음식으로는 메밀 막국수, 옥수수엿과 올챙이묵, 강릉 초당리의 두부 등이 있다.

5. 전라도

기름진 호남평야에서 풍부한 곡식이 생산되고 해산물, 산채 등 다른 지방에 비해 산물이 많아 음식의 종류가 다양하며 정성이 많이 들어가고 사치스러운 편이다. 상차림은 음식의 가짓수를 많이 하여 한 상 가득 차려 나온다. 특히 전주, 광주, 해남은 대를 이어 부유한 양반들이 많아 가문의 좋은 음식이 대대로 전수되는 풍류와 맛이 뛰어나다. 남해·서해안과 접해 있어 특이한 해산물과 젓갈이 많으며 기후가 따뜻하여 간이 세고 젓갈류와 고춧가루, 양념을 많이 쓰는 편이다.

순창의 고추장과 나주의 집장이 유명하다. 무, 물외, 더덕, 우엉, 도라지, 고들빼기 등 갖은 채소로 장아찌를 많이 담그며 참게로 담근 게장도 유명하다. 김치는 젓갈을 많이 넣어 맵고 짭짤하고 맛이 진하며 감칠맛이 난다. 젓국은 조기젓, 새우젓도 쓰지만 멸치젓도 많이 쓴다.

전주콩나물밥, 광주의 애저, 영광의 굴비, 보성강의 미꾸라지, 해남의 세발낙지, 곡성의 은어회, 추자도의 멸치젓, 해남의 갓김치, 잘 삭힌 홍어와 돼지고기 편육을 막걸리와 함께 먹는 홍탁삼합과 김, 깻잎, 가죽 등에 찹쌀풀을 발라서 말린 부각 등이 별미이다.

6. 경상도

남해와 동해안에 좋은 어장이 있어 해산물이 풍부하고 경상남·북도를 굽어 흐르는 낙동강 주위의 기름진 농토에서 농산물도 넉넉하다. 음식이 대체로 맵고 간이 센 편이며 멋을 내거나 사치스럽지도 않다. 방앗잎과 산초를 넣어 독특한 향을 즐기기도 한다. 싱싱한 생선으로 회를 하거나 국을 끓이고 찜이나 구이도 한다. 곡물음식 중에는 국수를 즐기나 밀가루에 날콩가루를 섞어서 만든 칼국수를 좋아하며 그 외에도 무밥, 갱식, 콩국수, 조개국수, 닭칼국수, 떡국과 재첩국, 추어탕, 대구탕, 시래기국 등을 즐겨 먹는다.

된장을 많이 먹는 편인데 막장, 담북장도 즐기고 채소에 된장이나 고추장을 섞어서 찌는 장떡을 즐긴다. 김치는 얼얼하도록 맵고 짠 것이 특징인데 멸치젓을 많이 쓰고 생갈치도 많이 넣는다. 떡으로는 모시잎송편, 칡떡이 있고 조과에는 유과, 다시마정과, 우엉정과 등이 있고 음료는 안동식혜, 수정과, 유자차 등이 있다.

별미음식은 진주비빔밥, 마산의 미더덕찜과 아귀찜, 안동의 헛제사밥과 건진국수, 부산의 동래파전이 있다.

7. 제주도

우리나라에서 제일 큰 섬으로 한라산을 중심으로 평지인 농촌에서는 밭농사를 지어 쌀보다는 잡곡을 생산하였고, 어촌에서는 어류를 잡거나 잠수를 하여 해산물을 구했으며, 산촌에서는 꿩을 잡고 버섯, 산나물을 채취하여 생활하였다. 제주도 음식의 주재료는 어류와 해초류이며 회를 많이 먹는다. 간은 대체로 짜며 된장으로 맛을 내고 생선으로 국을 끓이고 죽을 쑨다.

사람들은 부지런하고 꾸밈없고 소박하여 음식을 많이 차리거나 양념을 많이 넣거나 여러 가지 재료를 섞어서 만들지 않으며 재료가 가지고 있는 맛을 그대로 살리는 것이 특색이다. 겨울의 기후가 따뜻하여 김치 종류는 많지 않고 오래 두고 먹지 않는다. 잡곡밥을 많이 해 먹으며 메밀로 칼국수, 범벅을 하고 별미음식으로는 자리돔으로 만든 물회와 옥돔구이, 전복죽, 해물 뚝배기, 빙떡을 꼽을 수 있다. 그 외에도 생선국수, 갈치호박국, 옥돔죽, 옥돔국 등이 있다.

8. 황해도

황해 북부지방은 연백평야와 재령평야가 있는 곡창지대로 쌀과 질 좋은 잡곡이 많이 생산된다. 이 지방에서는 조밥을 많이 지어먹는다. 인심이 좋고 생활이 윤택한 편이어서 음식의 양을 많이 만들고 기교를 부리지 않으며 음식의 맛이 구수하면서도 소박하다. 송편이나 만두를 큼직하게 만들고 밀국수도 즐겨 먹으며 음식의 간은 짜지도 싱겁지도 않다. 김치에는 미나리과의 풀인 고수와 산초나무 열매인 분디라는 향신채소를 쓰는데, 분디는 호박김치에 고수는 배추김치에 각각 넣는다. 김치는 맵지 않고 시원하게 담그며 겨울에 동치미 국물로 냉면국수나 찬밥을 말아서 밤참으로 즐기기도 하였다. 젓갈은 새우젓, 조기젓을 많이 쓴다. 별미음식은 남매죽, 되비지탕, 호박지찌개, 연안식해, 냉콩국수, 행적, 돼지족조림, 고수김치 등이 있다.

9. 평안도

평안도의 동쪽은 산이 높고 험하며 서쪽은 해안으로 되어 있어 해산물이 풍부하고 평야가 넓어 곡식도 풍부하다. 옛날부터 중국과의 교류가 많은 지역으로 성품이 진취적이고 대륙적이어서 음식도 먹음직스럽고 푸짐하게 만든다. 메밀로 만든 냉면과 만두 등 곡물가루로 만든 음식이 많다. 겨울이 매우 추운 지방이어서 기름진 육류음식을 즐겨 먹으며 콩과 녹두로 만든 음식도 많다. 음식의 간은 대체로 심심하고 맵지도 짜지도 않다. 김치는 젓갈로 조기젓, 새우젓을 쓰고 배추김치에 무를 큼직하게 빚어 넣고 국물도 넉넉하게 부어 국물 맛이 시원하다.

평안도 지역에서는 평양냉면, 어복쟁반, 순대, 온반, 빈대떡, 닭죽 등 평양의 음식이 가장 잘 알려져 있다. 그중에서도 동치미 국물에 냉면국수를 만 평양냉면이 유명하다. 그 외 김치말이, 어죽, 굴만두, 내포중탕, 콩비지, 녹두지짐, 되비지, 노티 등이 있다.

10. 함경도

한반도의 가장 북쪽에 위치하며 백두산과 개마고원이 있는 험한 산간지대가 대부분이어서 밭농사가 많다. 잡곡의 생산량이 많고 콩, 감자, 고구마 등의 품질이 뛰어나다. 감자, 고구마로 녹말가루를 만들어 국수를 빼서 냉면을 만들기도 한다. 동해안은 명태, 청어, 대구, 연어, 정어리 등의 어종이 다양하다.

음식의 모양은 큼직하고 기교를 부리지 않는다. 추운 지방이어서 음식의 간이 싱겁고 담백하나 고추와 마늘 등 양념을 강하게 쓰는 편이다.

배추김치를 담글 때도 새우젓이나 멸치젓은 조금 넣고 소금 간을 주로 쓰며 생태나 생가자미를 썰어 고춧가루로 버무려서 배추포기 사이에 넣어 맵지만 소금 간을 싱겁게 하고 김칫국물은 넉넉하게 부어 익으면 국물 맛이 찡하고 신맛이 나는 것이 특징이다.

잡곡밥, 닭비빔밥, 가리국, 감자국수, 옥수수죽 등을 즐겨 먹고 동태순대, 북어전, 다시마냉국, 북어식해 등이 유명하며 김치는 채칼김치, 동치미, 무청김치가 있다.

별미음식으로 홍어, 가자미 등의 생선을 맵게 무친 회를 냉면에 얹어 비벼먹는 매운 비빔국수인 함흥냉면과 아바이순대, 가자미식해, 원산해물잡채 등이 있다.

Ⅶ. 한국의 식사예절

예절이란 일정한 생활문화권에서 관습을 통해 하나의 공통된 생활방법으로 정립된 사회계약적인 생활규범으로 나라와 민족, 지역에 따라 조금씩 다르고 시대에 따라 변천되어 왔다.

우리나라에서는 가가례(家家禮)라 하여 지방과 가정에 따라 예절이 다른 것이 흠이 되지 않는다. 『예기』에 "무릇 예의 시초는 음식에서 시작된다."고 하여 식사에 관한 예절을 다른 어떠한 예절보다 중요하게 생각하였다.

1. 상차림의 예절

1) 상을 들일 때는 식사할 준비가 되었는지 확인하고 주빈은 가운데 앉고 주인은 출입문 가까운 곳에 앉아 시중을 들도록 한다.
2) 상을 들 때는 식사할 사람 앞에 밥그릇과 국그릇이 향하도록 들고 들어가서 잡수실 분의 두 걸음 앞에서 무릎을 꿇으면서 내려놓고 두 손으로 밀어서 드시기 편한 위치에 놓는다.
3) 쟁첩과 종지의 뚜껑을 먼저 열고 국과 밥그릇의 뚜껑을 열어서 곁상이나 쟁반에 포개어 놓는다.
4) 전골은 옆에서 끓여 작은 그릇에 덜어 상에 놓아 드린다.
5) 식사가 거의 끝나면 국그릇을 내리고 숭늉을 드린다.
6) 상을 물릴 때는 두 손으로 들고 일어나 두 걸음 뒷걸음친 뒤 돌아서 방을 나온다.

2. 식사예절

1) 웃어른이 자리에 앉은 다음에 아랫사람이 앉고 식사를 할 때에는 어른이 수저를 든 다음에 아랫사람이 들도록 한다.

2) 수저를 함께 들지 않으며 그릇에 걸치거나 얹어 놓지 말고 그릇을 손으로 들고 먹지 않는다.

3) 식사를 시작할 때에는 국물이 있는 음식을 수저로 먼저 뜬 다음 다른 음식을 먹는다.

4) 수저로 반찬을 뒤적이지 말고 한 번 집은 음식은 먹다가 다시 그릇에 놓지 않는다.

5) 두 사람 이상이 함께 식사를 할 때는 음식을 앞 접시에 덜어서 먹으며 초간장, 초고추장도 덜어서 먹는다.

6) 국에 밥을 말아서 먹는 것은 식사예법에 벗어나므로 되도록 따로 먹는다.

7) 식사 도중에 뼈나 생선가시가 있으면 상 위에 버리지 말고 휴지에 싸서 버린다.

8) 음식을 먹을 때 소리가 나지 않게 주의하고 수저나 그릇 부딪히는 소리가 나지 않도록 주의한다.

9) 너무 서둘러 먹거나 늦게 먹지 말고 다른 사람과 먹는 속도를 맞춘다.

10) 식사 중에 기침이나 재채기가 나면 얼굴을 옆으로 돌려 손이나 손수건으로 입을 가려서 옆 사람에게 실례가 되지 않도록 한다.

11) 식사를 끝낼 때에는 웃어른이 수저를 놓은 다음에 내려놓고 먼저 식사가 끝났을 때는 국그릇에 걸쳐 두었다가 어른이 수저를 놓은 후에 내려놓으며 웃어른이 일어나기 전에 먼저 일어나지 않는다.

12) 식사 후 상에서 이쑤시개를 사용하지 않으며 사용할 때에는 한 손으로 가려서 사용하고 보이지 않게 처리한다.

Ⅷ. 식품의 계량

계량이란 무게, 부피, 농도, 시간, 온도를 측정하는 것을 말하며, 식품의 낭비를 최소화하고 음식의 맛을 표준화하려면 정확한 재료의 계량과 조리방법의 과학화가 이루어져야 한다.

1. 계량기구

❶ **저울**　중량을 측정할 때는 저울을 사용하며, g과 kg으로 나타낸다. 전자저울과 바늘저울이 있고, 저울은 평평한 곳에 수평이 되도록 놓고 사용한다.

❷ **계량컵**　부피를 측정할 때는 계량컵을 사용하며, 우리나라의 경우에는 1컵을 200ml로 사용한다. 계량컵의 재질은 스테인리스 스틸, 파이렉스유리, 플라스틱 등이 있다.

❸ **계량스푼**　계량스푼은 큰술(tablespoon)과 작은술(teaspoon)로 표시한다.

2. 계량법

1) 가루상태의 식품은 덩어리가 없는 상태에서 체에 내려 수북이 담은 후 표면이 평면이 되도록 깎아서 계량한다. 황설탕은 꼭꼭 눌러 담아 깎아서 컵 모양이 나오도

록 계량한다.

2) 물, 간장, 식초, 기름 같은 액체상태의 식품은 표면장력이 있으므로 계량컵이나 계량스푼을 평평한 곳에 놓고 가득 담아서 눈높이를 액체와 수평이 되게 해서 부피를 잰다.

3) 버터나 마가린 등의 고체식품은 계량컵이나 계량스푼에 눌러 담아 빈 공간이 없도록 채우고 평면으로 깎아서 계량한다.

4) 곡식, 통후추, 깨 등 알맹이상태의 식품은 계량컵이나 계량스푼에 가득 담은 후에 흔들어 표면이 평면이 되도록 깎아서 계량한다.

3. 우리나라 계량컵과 계량스푼의 표준용량

- 1컵 = 1Cup = 1C = 물 200cc
- 1큰술 = 1tablespoon = 1Ts = 물 15cc
- 1작은술 = 1teaspoon = 1ts = 물 5cc

4. 양념의 계량

식품	1컵(g)	1Ts(g)	1ts(g)	식품	1컵(g)	1Ts(g)	1ts(g)
물, 식초, 청주	200	15	5	고운소금	150	11.3	3.8
진간장, 국간장	240	18	6	굵은소금	160	12	4
된장	226	17	5.7	고춧가루	93	7	2.3
고추장	253	19	6.3	깨소금	80	6	2
참기름, 식용유	170	13	4.3	통깨	93	7	2.3
꿀	300	22.5	7.5	밀가루	95	7.1	2.4
물엿	288	21.6	7.2	녹말가루	107	8	2.7
앳젓	200	15	5	겨잣가루	92	7	2.3
설탕	160	12	4	후춧가루	107	8	2.7

한식조리산업기사 요점정리

출제문제 1형(비빔국수, 두부전골, 오이선, 어채) 시험시간: 2시간

| 비빔국수 |  | – 오이 돌려 깎아 채 썰어 소금에 절여 물기 제거
– 파, 마늘 다져 양념장 만들기
– 표고버섯, 소고기 채 썰어 양념
– 석이 손질하여 채 썰어 소금과 참기름 무치기
– 황 · 백지단을 부쳐 썰기
– 오이, 석이버섯, 표고버섯, 소고기 볶기
– 국수 삶아 유장 처리 후 소고기, 표고, 오이 섞고 부족한 간하기
– 담고 황 · 백지단, 석이버섯, 실고추 고명 얹기
소고기 · 표고 양념
진간장, 설탕, 다진 파, 다진 마늘, 깨소금, 참기름, 검은 후춧가루
국수 양념: 진간장, 참기름, 설탕 |

| 두부전골 |  | – 소고기(사태) 육수 끓여 걸러서 국간장, 소금 간
 (편육은 얇게 썰기)
– 두부 썰어 소금 간, 물기 제거, 전분 묻혀 팬에 지지기
– 무, 당근, 표고 썰어 무, 당근은 데치기
– 미나리줄기(1/2) 데치기, 1/2은 초대용으로 준비
– 숙주 거두절미 데쳐 소금과 참기름 무치기
– 양파 채, 실파 5cm 길이로 썰기
– 황 · 백지단, 미나리초대 부쳐 썰기
– 소고기(살코기) 1/2은 곱게 다져 완자 빚어 밀가루, 달걀을 입혀 팬에
 지지기
– 소고기(살코기)는 1/2은 곱게 다져 양념, 두부 사이 넣고 미나리로 묶기
– 전골냄비에 편육, 무, 당근 자투리 깔고, 재료들을 색 맞추어 돌려 담
 고 두부, 완자를 중앙에 담고 육수 부어 끓이기
소고기 양념
소금, 다진 파, 다진 마늘, 깨소금, 진간장, 참기름, 검은 후춧가루 |

| 오이선 |  | – 오이 3군데 칼집 넣어 절이기
– 소고기, 표고 채 썰어 양념
– 황 · 백지단 채썰기
– 오이 살짝 볶아 식히기
– 소고기 + 표고버섯 볶기
– 오이 칼집 사이에 황지단, 백지단, 소고기+표고 끼우기
– 단촛물 끼얹기
소고기 · 표고버섯 양념
진간장, 설탕, 다진 파, 다진 마늘, 깨소금, 참기름, 검은 후춧가루
단촛물: 물, 설탕, 식초, 소금 |

어채		– 생선은 포 떠서 밑간하여 수분 제거 – 오이, 홍고추, 표고버섯 썰기 – 황 · 백지단을 도톰하게 부쳐 썰기 – 생선살, 홍고추, 오이, 표고버섯에 전분 묻혀 두기 – 끓는 물에 소금 넣어 재료를 데쳐 헹구기를 2~3번 반복 – 채소, 버섯, 황 · 백지단 담고 초고추장 내기 생선 밑간: 소금, 청주, 생강즙, 흰 후춧가루 초고추장: 고추장, 식초, 설탕

출제문제 2형(칼국수, 구절판, 사슬적, 도라지정과) 시험시간: 2시간

칼국수		– 멸치, 대파, 마늘을 넣고 육수 끓여 소창에 거르기 – 칼국수 반죽하여 숙성 – 실고추 자르고, 대파 일부 어슷하게 썰기 – 애호박 채 썰어 소금에 절여 볶기 – 표고버섯 채 썰어 양념하여 볶기 – 반죽을 0.1cm 두께로 밀어서 0.2cm 폭으로 썰기 – 육수에 국간장, 소금간 하여 국수 넣어 익으면 대파넣기 – 국수와 국물의 비율(1:2)로 담고 애호박, 표고버섯, 실고추를 고명으로 얹기 표고버섯 양념: 국간장, 설탕, 참기름
구절판		– 밀전병 반죽 – 오이, 당근 5cm, 0.2cm로 채 썰어 볶기 – 석이버섯 손질 후 채 썰어 참기름, 소금, 후춧가루로 양념하여 볶기 – 소고기, 표고버섯 채 썰어 양념하여 볶기 – 숙주 거두절미 데쳐내어 소금, 참기름 무치기 – 황 · 백지단 얇게 부쳐 채썰기 – 밀전병을 7개 얇게 부치기 – 잣 반으로 갈라 비늘잣 만들기 – 준비한 재료 돌려담고 중앙에 밀전병, 비늘잣 놓으면서 포개어 담기 소고기 · 표고버섯 양념 진간장, 설탕, 다진 파, 다진 마늘, 깨소금, 참기름, 검은 후춧가루 밀전병 밀가루 6큰술, 물 7큰술, 소금 1/4작은술
사슬적		– 생선살 껍질을 벗겨 8cm×1.2cm×0.7cm 크기로 썰어 물기 제거 후 생강즙, 소금, 후춧가루로 밑간 – 소고기 다지고 두부 으깬 후 섞어 양념하여 7cm×1.2cm×0.7cm 정도로 4개를 만들기 – 생선 3개, 고기 2개를 꼬치에 번갈아 끼우고 밀가루를 묻히기 – 팬에 식용유를 두르고 사슬적을 약불에서 타지 않게 구워 꼬치 빼기 – 사슬적은 2개를 담고 잣가루를 뿌리기 생선 밑간: 생강즙, 소금, 흰 후춧가루 소고기 · 두부 양념 소금, 설탕, 다진 파, 다진 마늘, 참기름, 깨소금, 검은 후춧가루

도라지정과		

- 도라지 껍질을 벗겨 썰어 소금 주물러 쓴맛 제거
- 도라지 살짝 데쳐 헹구기
- 냄비에 도라지, 물, 설탕, 소금을 넣어 약불에서 거품 걷어가며 졸이다 가 물엿 넣어 조리기
- 체나 망 위에 올려놓아 시럽을 빼고 식혀 담기

조림 시럽
물 1컵, 설탕 2큰술, 물엿 3큰술, 소금 약간

출제문제 3형(편수, 오이/고추소박이, 돼지갈비찜, 율란/조란) 시험시간: 2시간

편수		

- 밀가루 반죽하여 숙성
- 소고기(양지), 대파, 마늘 넣어 육수 끓여 거르기
- 호박 채 썰어 소금에 절여 물기 제거, 숙주 데쳐서 송송 썰어 물기 제거
- 소고기(우둔) 곱게 다지고 표고버섯 채 썰어 양념
- 호박, 표고버섯, 소고기 볶은 후 숙주 섞어 소 양념
- 반죽 얇게 밀어 8cm×8cm 정사각형으로 자르기
- 만두피에 소, 잣을 넣고 네모지게 빚은 후 7~8분 정도 찌거나 삶기
- 식힌 육수에 국간장, 소금 간하여 편수 5개를 넣기

만두피: 밀가루 1/2컵, 소금물 2큰술
소고기 표고버섯 양념
진간장, 설탕, 다진 파, 다진 마늘, 참기름, 깨소금, 검은 후춧가루
소 양념
소금, 다진 파, 다진 마늘, 참기름, 깨소금, 설탕, 검은 후춧가루

오이/ 고추소박이		

- 오이 씻어 6cm 길이, 열십자 칼집 넣어 소금물에 절이기
- 풋고추 칼집 넣어 씨 제거하여 소금물에 절이기

오이소박이 소
마늘, 생강은 다지거나 채를 썰고 부추는 0.5cm 썰어 고춧가루, 멸치액 젓, 소금 넣기
고추소박이 소
무 2cm 채, 부추, 쪽파 2cm, 마늘 생강 채 썰어 멸치액젓 소금 넣기

- 오이에 소 넣고, 남은 양념에 물과 소금 넣어 김칫국물을 만들어 붓기
- 풋고추에 소 넣고 잣을 박아서 담고, 남은 양념에 물과 소금을 넣어 김칫국물을 만들어 붓기

오이소박이 소
부추, 고춧가루, 다진 파, 다진 마늘, 생강, 소금
고추소박이 소
무채, 부추, 쪽파, 마늘채, 생강채, 멸치액젓, 소금

돼지갈비찜	 – 돼지갈비 기름 떼고 핏물 뺀 후 칼집 넣어 데쳐 헹구기 – 감자, 당근 사방 3cm로 잘라 모서리 다듬기, 홍고추 어슷썰기, 양파 길이로 3~4등분하기 – 양념장 만들기 – 냄비에 돼지갈비와 양념장을 2/3 정도, 잠길 정도의 물을 부어 뚜껑을 덮어서 익히다가 갈비가 반쯤 익었을 때 불을 낮추어 당근, 감자, 양파, 홍고추 넣기 – 남은 양념장 넣어 국물을 끼얹어가며 윤기 나게 조리기 – 담고 남은 국물 끼얹기 양념장 진간장, 설탕, 다진 파, 다진 마늘, 생강즙, 깨소금, 참기름, 검은 후춧가루
율란/조란	 – 밤 삶아 반 잘라 살 파내어 으깨어 체에 내려 소금, 계핏가루, 꿀 넣고 뭉치기 – 잣 5개는 남기고, 나머지 잣은 곱게 다지기 – 밤 반죽을 떼어 밤 모양으로 빚어 넓은 쪽에 꿀을 바른 후 잣가루를 묻히기 – 대추 찜통에 쪄서 씨를 발라내고, 대추살 곱게 다지기 – 냄비에 다진 대추, 물, 꿀, 계핏가루 넣고 약불에서 조려 덩어리지게 뭉치기 – 대추 반죽 식으면 대추 모양으로 빚고 한쪽 끝에 잣 박기 – 율란, 조란 각각 5개씩 담기

출제문제 4형(만둣국, 밀쌈, 두부선, 3가지 나물) 시험시간: 2시간

만둣국	 – 만두피 반죽하여 숙성 – 소고기 육수 끓여 면포에 거르기 – 소고기 곱게 다지고, 두부 곱게 으깨고, 숙주 데쳐 다지고 김치 다져서 물기 짜서 소 양념하기 – 황·백지단 미나리 초대 완자모양으로 썰기 – 만두피 반죽 지름 8cm로 얇게 밀기 – 직경 4cm 둥근 모양의 만두를 빚기 – 육수에 간을 맞추어서 만두 넣어 떠오르면 담기 – 황·백지단 미나리 초대를 각 2개씩 고명 얹기
밀쌈	 – 밀전병 반죽 만들기 – 오이 돌려 깎아 채 썬 후 소금 절여 수분을 제거 – 당근 채 썰기, 죽순 데쳐 채썰기 – 소고기 표고버섯 채 썰어 양념 – 황·백지단 부쳐 채썰기 – 밀전병을 20cm×15cm 크기로 2장 부치기 – 죽순, 오이, 당근, 표고버섯, 소고기를 볶고 죽순, 당근은 소금으로 간하기 – 밀전병에 재료를 놓고 직경 2cm로 말아 길이 4cm로 썰어 8개 담기 – 초간장 곁들이기

두부선	 – 두부 물기 제거한 후 으깨기 – 닭고기 살만 다져 두부와 섞어 양념 – 겨자 발효시켜 겨자장을 만들기 – 표고, 석이버섯 곱게 채, 실고추는 2cm 썰기 – 황 · 백지단 2cm 채, 잣 길이로 반 자르기 – 젖은 소창에 두부와 닭고기 양념한 것을 두께 1cm, 사방 10~12cm 반대기를 만들고 고명(표고, 석이, 황 · 백지단, 실고추, 비늘잣) 얹기 – 젖은 소창을 덮고 10분 쪄내어 한 김 식혀 3cm×3cm로 썰기 – 두부선 9개 담고 겨자장 곁들이기
3가지 나물	 – 애호박 0.5cm 두께로 반달썰기 하여 소금에 절여 물기 제거 – 소고기 다져서 양념 – 팬에 식용유, 소고기, 애호박 볶다가 다진 새우젓, 다진 마늘, 다진 파, 깨소금, 참기름을 넣어 볶아 담고 실고추 고명 얹기 – 도라지 0.5cm×0.5cm×6cm 채 썰어 소금 넣어 주물러 헹구기 – 팬에 식용유, 도라지 볶다가 다진 파, 다진 마늘, 물 넣어 볶아 깨소금, 참기름 넣기 – 시금치 손질, 끓는 물에 소금 넣어 데쳐서 헹구어 양념 넣어 무치기 – 3가지 나물 담기 소고기 양념 진간장 1작은술, 설탕, 다진 파, 다진 마늘, 참기름, 깨소금, 검은 후춧가루 애호박 볶기 다진 새우젓, 다진 마늘, 다진 파, 깨소금, 참기름 도라지 볶기 다진 파, 다진 마늘, 물, 깨소금, 참기름 시금치 양념 소금, 국간장, 다진 파, 다진 마늘, 깨소금, 참기름

출제문제 5형(규아상, 닭찜, 월과채, 모둠전) 시험시간: 2시간

규아상	 – 밀가루 반죽하여 숙성 – 오이 돌려 깎아 채 썰어 소금에 절인 후 물기 제거 – 표고버섯 채 썰고 소고기 다져서 각각 양념 – 팬에 식용유, 오이, 소고기, 표고버섯 볶기 – 볶은 소고기, 표고, 오이, 잣 고루 섞어 소 만들기 – 만두피에 소를 넣고 해삼 모양으로 빚기 – 찜기에 규아상 찐 후 6개 담고 초간장 곁들이기 소고기 · 표고 양념 진간장, 설탕, 다진 파, 다진 마늘, 참기름, 깨소금, 검은 후춧가루 초간장: 간장, 식초, 설탕

닭찜		– 닭 토막 낸 후 데쳐서 헹구기 – 대파, 마늘 다지고 생강즙 내어 양념장 만들기 – 당근 3cm로 썰어 모서리 다듬고 불린 표고 2~4등분하고, 밤 껍질 벗기기 – 황·백지단 부쳐 완자(마름모) 모양 썰고, 은행 볶아 껍질 벗기기 – 냄비에 닭, 양념장 2/3 넣고 자작하게 물을 부어 센 불에 뚜껑 덮고 익힌 후 당근, 밤, 표고버섯 넣고 남은 양념장을 넣어 천천히 찜하기 – 국물이 거의 없어지면 은행 넣고 그릇에 담고 황·백지단을 각 2개씩 고명으로 얹기 **양념장** 진간장, 설탕, 다진 파, 다진 마늘, 생강즙, 깨소금, 참기름, 검은 후춧가루
월과채		– 애호박 반 잘라 씨 제거하고 눈썹모양으로 썬 후 소금에 절여 물기 제거 – 느타리버섯 데친 후 찢어서 물기 짜고 양념 – 홍고추 반 갈라 씨 제거 후 채썰기 – 소고기 다지고, 표고버섯 0.3cm×0.3cm×5cm 썰어 각각 양념하기 – 찹쌀가루 되직하게 익반죽한 후 달군 팬에 지져내어 식으면 0.3cm×0.3cm×5cm로 썰기 – 황·백지단 부쳐 0.3cm×0.3cm×5cm 썰기 – 팬에 식용유, 애호박, 홍고추, 느타리버섯, 소고기, 표고버섯 각각 볶은 후 깨소금, 참기름 고루 섞어 담기 **소고기·표고버섯 양념** 진간장, 설탕, 다진 파, 다진 마늘, 깨소금, 참기름, 검은 후춧가루 **느타리버섯 양념:** 소금, 참기름
모둠전		– 밀가루 반죽한 후 숙성시키기(덧가루용 남기기) – 오이 돌려 깎아 채 썬 후 소금에 절여 물기 제거 – 표고버섯 가늘게 채 썰고 소고기 다져 각각 양념 – 팬에 식용유, 오이, 소고기, 표고버섯 볶기 – 볶은 소고기, 표고, 오이, 잣 고루 섞어 소 만들기 – 만두피 얇게 밀어 준비한 소 넣고 해삼 모양 빚기 – 찜기에 규아상 넣어 7~8분 찌기 – 규아상 6개 담고 초간장 곁들이기 **표고버섯 양념:** 진간장, 참기름, 설탕 **소고기·두부 양념** 소금, 다진 파, 다진 마늘, 깨소금, 참기름, 검은 후춧가루

출제문제 6형(어만두, 소고기편채, 오징어볶음, 튀김) 시험시간: 2시간

어만두		– 대구살 포 떠서 소금, 흰 후춧가루, 생강즙 밑간 – 대파, 마늘 다져서 소고기, 표고버섯, 목이버섯 양념과 만두소 양념 만들기 – 오이 돌려 깎아 채 썬 후 소금에 절여 물기 제거, 숙주 거두절미하여 데친 후 물기 제거하고 썰기 – 소고기 다지고 불린 표고, 목이버섯 채 썰어 양념 – 팬에 식용유, 오이, 표고버섯, 목이버섯, 소고기 순으로 볶기 – 준비한 재료 섞어 만두소 양념 만들기 – 생선살 위에 전분 뿌린 후 소 넣고 말아서 표면에 전분 묻혀 찜통에 투명하게 쪄내어 5개 담기 대구살 밑간: 소금, 흰 후춧가루, 생강즙 소고기 · 표고버섯 · 목이버섯 양념 진간장, 설탕, 다진 파, 다진 마늘, 참기름, 깨소금, 흰 후춧가루 만두소 양념 소금, 설탕, 다진 파, 다진 마늘, 참기름, 깨소금, 흰 후춧가루
소고기편채		– 소고기 얇게 썰어 밑간하기 – 깻잎, 양파, 파프리카 0.2cm×3~4cm 채 썰고 무순, 팽이버섯 3~4cm 썰기 – 찹쌀가루 체에 내려서 소고기에 고루 묻히기 – 겨자 발효시켜 겨자장 만들기 – 팬에 식용유를 두르고 찹쌀가루가 벗겨지지 않게 약불에서 지지기 – 지져낸 고기 준비한 재료 놓고 고깔모양으로 말기 – 소고기편채 4개 담고, 겨자장 곁들이기 소고기 밑간: 소금, 후춧가루 겨자장: 발효겨자, 식초, 설탕, 소금, 진간장
오징어볶음		– 오징어 내장을 제거한 후 껍질 벗기기 – 오징어 0.3cm 간격 칼집을 넣어 가로 4cm, 세로 1.5cm 자르고, 다리 길이 4cm 자르기 – 풋고추, 홍고추, 대파 어슷썰기하고 양파 1cm 폭 썰기 양념장 만들기 – 팬에 식용유, 양파, 오징어 순으로 볶다가 약불로 양념장 넣어 볶은 후 고추, 대파 볶고 참기름 넣기 양념장 고추장, 고춧가루, 설탕, 다진 마늘, 다진 생강, 깨소금, 참기름, 진간장, 검은 후춧가루, 물
튀김 (고구마, 새우)		– 고구마 0.3cm 두께 원형으로 잘라 찬물 담그기 – 새우 내장 제거하고 꼬리(물주머니 제거) 남겨 안쪽에 칼집 넣기 – 물에 달걀노른자 풀어서 체에 내린 박력분 넣어 가볍게 섞어 튀김 반죽 만들기 – 고구마, 새우에 밀가루 묻혀 털어내고 튀김 반죽 입히기(새우의 꼬리 지느러미 가루 묻히지 않기) – 160~170℃ 기름에 튀겨 기름기 제거하기 – 잣가루 보슬하게 만들기 – 접시에 튀김 각 3개씩 담고 초간장에 잣가루 뿌려 곁들이기 튀김반죽: 물, 달걀노른자, 밀가루(박력분) 초간장: 진간장, 식초, 설탕, 잣가루

출제문제 7형(어선, 소고기전골, 보쌈김치, 섭산삼) 시험시간: 2시간

| 어선 |  | – 생선 세장뜨기 하여 껍질 벗긴 후 포를 떠서 소금, 생강즙, 흰 후춧가루 밑간하기
– 오이 돌려 깎아 채 썬 후 소금에 절여 물기 제거하여 볶고 당근도 채 썰어 볶기
– 표고버섯 물기 제거하여 채를 썰어 양념하여 볶기
– 황·백지단 부쳐 곱게 채썰기
– 김발 위에 젖은 면포 깔고 물기 제거한 생선살을 펴고 생선살 위에 녹말가루 고루 뿌리기
– 생선살 위에 오이, 표고버섯, 황·백지단, 당근 올리고 지름 3cm 정도 말아 양옆을 여미기
– 찜기에 김발 채로 10분 정도 쪄서 식히기
– 어선 식은 후 두께 2cm로 잘라 6개 담고 초간장 곁들이기
생선양념: 소금, 생강즙, 흰 후춧가루
표고버섯 양념: 진간장, 설탕, 참기름
초간장: 진간장, 식초, 설탕 |

| 소고기전골 |  | – 소고기(사태), 물, 대파, 마늘편 넣고 끓여 소창에 걸러서 진간장, 소금으로 육수 만들기
– 무, 당근 0.5cm×0.5cm×5cm 채 썰고, 양파 0.5cm폭, 실파 5cm썰기
– 숙주 거두절미하여 데쳐 헹군 후 소금, 참기름으로 무치기
– 소고기(살코기) 0.5cm×0.5cm×5cm로 썰고, 표고버섯 불려서 0.5cm 채 썰어 양념
– 전골냄비에 재료 돌려 담고 소고기 중앙에 담기
– 육수 붓고 끓이면서 달걀 반숙으로 익으면 고깔 뗀 잣 얹기
소고기·표고버섯 양념: 진간장, 설탕, 다진 마늘, 다진 파, 깨소금, 참기름, 검은 후춧가루
숙주 양념: 소금, 참기름 |

| 보쌈김치 |  | – 무 3cm×3cm×0.3cm 썰어 소금에 절이기
– 배추줄기 3cm×3cm 썰고, 잎 보쌈용으로 준비하여 소금 절이기
– 미나리, 실파, 갓 3cm로 썰고 마늘, 생강 채썰기
– 배 3cm×3cm×0.3cm 썰고 밤 0.2cm 두께 편썰기
– 석이 이끼 제거, 대추 씨 제거 후 채 썰고 잣 고깔 떼기
– 굴 껍질 제거한 후 소금물에 씻어서 물기 빼고, 낙지다리 주물러 씻어 3cm 썰고, 새우젓 다지기
– 김치 양념 만들기
– 물기 제거한 무, 배추에 김치 양념 버무린 후 고명을 제외한 재료 섞어 버무리다가 굴, 낙지 넣고 버무리기
– 그릇에 배춧잎 깔고 김치를 담아 배춧잎의 끝을 접어 말기
– 양념 그릇에 물 넣고 새우젓국이나 소금으로 간 맞춘 후 김치 위에 붓고 대추채, 석이채, 잣 고명
김치 양념
고춧가루, 마늘채, 생강채, 소금, 새우젓 |

| 섭산삼 |  | – 더덕 돌려가며 껍질 벗긴 후 길이로 반 가르기
– 소금물에 쓴맛 우리기
– 더덕의 물기 제거한 후 방망이로 두드리거나 밀대로 펴기
– 찹쌀가루 더덕에 고루 묻힌 후 150~160℃에서 희고 바삭하게 튀겨
　기름 빼서 담기 |

출제문제 8형(오징어순대, 우엉잡채, 제육구이, 매작과) 시험시간: 2시간

| 오징어순대 |  | – 불린 찹쌀 찜기에 찌면서 중간에 소금물 뿌려 섞은 후 한 번 더 찌기
– 오징어 배 가르지 않고 몸통, 다리 분리하고 씻은 후 물기 제거
– 오징어 다리 소금물에 데친 후 다지기
– 숙주 데쳐 다진 후 물기 제거, 두부 물기 제거하여 으깨기
– 양파 다져서 물기 제거하고 풋고추, 홍고추 씨를 제거한 후 다지기
– 오징어 다리살, 찐 찰밥, 숙주, 두부, 양파, 풋고추, 홍고추에 소 양념
　을 넣어 섞고 달걀흰자 넣어 농도 조절하기
– 오징어 몸통 속에 밀가루 묻히고 털어낸 후 오징어순대 소 80% 정도
　채워 넣고 입구를 꼬치로 꿰기
– 오징어 전체를 꼬치로 찌르고 찜기에 오징어순대를 넣고 10분~15분
　찌기
– 한 김 나가면 오징어순대를 폭 1cm로 썰어 담기
소양념
소금, 설탕, 다진 파, 다진 마늘, 깨소금, 참기름, 검은 후춧가루 |
| 우엉잡채 |  | – 우엉 껍질 벗긴 후 0.2cm×0.2cm×6cm 채 썰어 끓는 물에 데치기
– 당근, 양파, 고추 0.2cm×0.2cm×6cm 채썰기
– 소고기, 표고버섯 0.2cm×0.2cm×6cm 채 썰어 양념
– 팬에 식용유, 데친 우엉 볶다가 조림장 넣어 조린 후 참기름 넣기
– 팬에 식용유, 양파, 당근, 고추를 각각 볶으면서 소금, 참기름 넣기
– 소고기, 표고버섯 볶은 후 조린 우엉, 볶은 야채 넣고 참기름과 통깨
　넣어 버무리기
조림장: 진간장, 설탕, 물엿, 물
소고기 · 표고버섯 양념
진간장, 설탕, 다진 마늘, 다진 파, 참기름, 검은 후춧가루 |

| 제육구이 |  | – 돼지고기 너비 4.5cm×5.5cm, 두께 0.4cm 썰어 칼집 넣고 두드리기
– 고추장, 간장, 다진 파, 마늘, 생강, 깨소금, 설탕, 후춧가루, 참기름 넣어 고추장 양념장 만들기
– 돼지고기에 양념장 발라 간이 배도록 하기
– 석쇠에 고기 타지 않게 구운 후 양념장 덧발라 가며 구워 8쪽 담기
고추장 양념장
고추장, 설탕, 다진 파, 다진 마늘, 다진 생강, 깨소금, 참기름, 진간장, 검은 후춧가루 |
| 매작과 |  | – 생강 곱게 다져 물 넣어 생강즙 내기
– 밀가루 체에 친 후 소금, 생강즙, 물 넣어 되직하게 반죽하여 비닐봉지에 넣어 휴지하기
– 냄비에 설탕, 물 동량으로 넣어 젓지 말고 중불에서 반 정도 조려서 시럽 만들기
– 잣 고깔 떼어 다져서 잣가루 만들기
– 반죽 0.2cm 두께로 밀어서 5cm×2cm 잘라 3군데 칼집 넣어 가운데 칼집 넣은 곳으로 뒤집어 매작과 모양 만들기
– 기름 온도 150~160℃로 하여 노릇하게 튀기기
– 매작과 설탕시럽에 담갔다 건져 담고 잣가루 고명
설탕시럽: 설탕, 물 |

Industrial Engineer Cook,
Korean Food

한식조리산업기사 실기편

수험자 유의사항

※ 다음 유의사항을 고려하여 요구사항을 완성합니다.

1) 조리산업기사로서 갖추어야 할 숙련도, 재료관리, 작품의 예술성을 나타내어야 합니다.

2) 지정된 시설을 사용하고, 지급재료 및 지참공구목록 이외의 조리기구는 사용할 수 없으며, 지참공구목록에 없는 단순 조리기구(수저통 등) 지참 시 시험위원에게 확인 후 사용합니다.

3) 지급재료는 1회에 한하여 지급되며 재지급은 하지 않습니다.(단, 수험자가 시험 시작 전 지급된 재료를 검수하여 재료가 불량하거나 양이 부족하다고 판단될 경우에는 즉시 시험위원에게 통보하여 교환 또는 추가 지급을 받도록 합니다.)

4) 요구사항의 규격은 "정도"의 의미를 포함하며, 지급된 재료의 크기에 따라 가감하여 채점됩니다.

5) 위생복, 위생모, 앞치마, 마스크를 착용하여야 하며, 시험장비, 가스레인지(가스밸브 개폐기 사용), 조리도구 등을 사용할 때에는 안전사고 예방에 유의합니다.

6) 다음 사항은 실격에 해당하여 채점 대상에서 제외됩니다.

　가) 수험자 본인이 시험 도중 시험에 대한 포기 의사를 표현하는 경우

　나) 위생복, 위생모, 앞치마, 마스크를 착용하지 않은 경우

　다) 시험시간 내에 과제를 모두 제출하지 못한 경우

　라) 문제의 요구사항대로 과제의 수량이 만들어지지 않은 경우

　마) 완성품을 요구사항의 과제(요리)가 아닌 다른 요리(예, 달걀말이→달걀찜)로 만들었거나, 요구사항에 없는 과제(요리)를 추가하여 만든 경우

　바) 불을 사용하여 만든 과제가 과제특성에 벗어나는 정도로 타거나 익지 않은 경우

　사) 요구사항의 조리기구(석쇠 등)를 사용하여 완성품을 조리하지 않은 경우

　아) 수험자 지참준비물 이외 조리기술에 영향을 줄 수 있는 기구를 사용한 경우

　자) 시험 중 시설·장비(칼, 가스레인지 등) 사용 시 시험위원 및 타 수험자의 시험 진행에 위해를 일으킬 것으로 시험위원 전원이 합의하여 판단한 경우

　차) 요구사항에 표시된 실격 및 부정행위에 해당하는 경우

7) 완료된 과제는 지정한 장소에 시험시간 내에 제출하여야 합니다.

8) 가스레인지 화구는 2개까지 사용 가능합니다.

9) 과제를 제출한 다음 본인이 조리한 장소의 주변을 깨끗이 청소하고 조리기구를 정리정돈한 후 시험위원의 지시에 따라 퇴실합니다.

10) 시험시작 전 가벼운 몸 풀기(스트레칭) 동작으로 긴장을 풀고 시험을 시작합니다.

비빔국수, 두부전골, 오이선, 어채

요구사항

※ 위생과 안전에 유의하여 주어진 재료로 다음과 같이 만드시오.

가. 비빔국수

1) 소고기, 표고버섯, 오이는 0.3cm×0.3cm×5cm로 썰어 양념하여 볶으시오.
2) 삶은 국수는 유장처리하고, 황·백지단은 0.2cm× 0.2cm×5cm로 써시오.
3) 채 썬 석이버섯, 황·백지단, 실고추를 고명으로 사용 하시오.

나. 두부전골

1) 두부의 크기는 3cm×2.5cm×0.5cm 정도로 하고 지진 두부와 두부 사이에 고기를 넣어 미나리로 묶어 7개 만 드시오.
2) 완자는 지름 1.5cm 정도로 5개 만들어 지져 사용하시오.
3) 달걀은 황·백지단을 부쳐 사용하고, 채소는 5cm 길이 로 썰어 사용하시오.
4) 재료를 색 맞추어 돌려 담고 육수를 부어 끓여내시오.

다. 오이선

1) 오이를 길이로 1/2등분한 후, 4cm 간격으로 어슷하게 썰어 4개를 만드시오(반원모양).
2) 일정한 간격으로 3군데 칼집을 넣고 부재료를 일정량 씩 색을 맞춰 끼우시오.
   (단, 달걀은 황·백으로 분리하여 사용하시오.)
3) 단촛물을 오이선에 끼얹어 내시오.

라. 어채

1) 생선살은 3cm×4cm 정도의 크기로 썰어 6개 만드시오.
2) 오이 껍질부분, 황·백지단, 홍고추는 2cm×4cm 크기 로 각 3개씩 썰고, 표고버섯도 같은 크기로 써시오.
3) 초고추장을 곁들여 내시오.

비빔국수, 두부전골, 오이선, 어채

번호	재료명	규격	수량	비고
1	소면		70g	
2	소고기	우둔, 살코기	70g	
3	소고기	사태	20g	
4	건표고버섯	불린 것	4개	
5	석이버섯		1g	
6	오이		1.5개	
7	달걀		4개	
8	두부		200g	
9	무	길이로 5cm 이상	60g	
10	당근		60g	
11	실파		40g	2뿌리
12	숙주	생것	50g	
13	양파		1/4개	
14	미나리		40g	
15	대구살		200g	
16	홍고추		2개	
17	밀가루	중력분	20g	
18	전분	감자전분	60g	
19	청주		20mL	
20	실고추		1g	
21	대파	흰 부분(4cm 정도)	1토막	
22	마늘		3쪽	
23	생강		20g	
24	국간장		10mL	
25	진간장		20mL	
26	흰설탕		20g	
27	소금		40g	
28	깨소금		10g	
29	참기름		10mL	
30	고추장		10g	
31	식초		20mL	
32	검은 후춧가루		3g	
33	흰 후춧가루		1g	
34	식용유		60mL	

비빔국수

• 소면 • 소고기 • 건표고버섯 • 석이버섯 • 오이 • 달걀 • 실고추 • 진간장 • 대파 • 마늘 • 소금 • 깨소금 • 참기름 • 검은 후춧가루 • 흰설탕 • 식용유

두부전골

• 두부 • 소고기(살코기) • 소고기(사태) • 무 • 당근 • 실파 • 숙주 • 건표고버섯 • 달걀 • 양파 • 미나리 • 밀가루 • 전분 • 마늘 • 대파 • 진간장 • 국간장 • 소금 • 참기름 • 식용유 • 검은 후춧가루

오이선

• 오이 • 건표고버섯 • 소고기 • 달걀 • 식용유 • 소금 • 흰설탕 • 식초 • 대파 • 마늘 • 진간장 • 검은 후춧가루 • 참기름 • 깨소금

어채

• 흰살생선 • 오이 • 홍고추 • 건표고버섯 • 달걀 • 전분 • 생강 • 소금 • 흰 후춧가루 • 청주 • 고추장 • 식초 • 흰설탕 • 식용유

비빔국수

요구사항

1) 소고기, 표고버섯, 오이는 0.3cm×0.3cm×5cm로 썰어 양념하여 볶으시오.
2) 삶은 국수는 유장처리하고, 황·백지단은 0.2cm×0.2cm×5cm로 써시오.
3) 채 썬 석이버섯, 황·백지단, 실고추를 고명으로 사용하시오.

지급 재료

· 소면 70g · 소고기(우둔) 30g · 건표고버섯(불린 것) 1개 · 석이버섯 5g · 오이 1/2개 · 달걀 1개 · 실고추 1g
· 진간장 5mL · 대파(흰 부분) · 마늘 · 소금 · 깨소금 · 참기름 · 검은 후춧가루 · 흰설탕 · 식용유

▩ 소고기 · 표고버섯 양념

· 진간장 2작은술 · 설탕 1/2작은술 · 다진 파 1작은술 · 다진 마늘 1/2작은술 · 깨소금 1/3작은술
· 참기름 1/2작은술 · 검은 후춧가루 약간

▩ 국수 양념

· 진간장 1/2큰술 · 참기름 1작은술 · 설탕 1/3작은술

만드는 법

1. 오이는 0.3cm×0.3cm×5cm로 돌려 깎아 채를 썰어 소금에 절였다가 물기를 닦는다.

2. 파, 마늘을 다져서 양념장을 만든다.

3. 표고버섯은 포를 떠서 채를 썰어 양념을 한다.

4. 소고기는 0.3cm×0.3cm×5cm로 채를 썰어 양념을 한다.

5. 석이는 뜨거운 물에 불려 비벼서 씻어 손질하여 채를 썰어 소금과 참기름으로 무치고, 실고추는 2cm로 썬다.

6. 달걀은 황·백으로 나누어 소금을 넣고 지단을 부쳐 0.2cm×0.2cm×5cm로 썬다.

7. 팬에 식용유를 두르고 오이, 석이버섯, 표고버섯, 소고기를 볶는다.

8. 국수를 삶아 건져 국수양념으로 무친 다음 소고기, 표고, 오이를 섞고 부족한 간은 진간장, 깨소금, 참기름을 더 넣고 살살 비빈다.

9. 국수를 그릇에 담고 황·백지단, 석이버섯, 실고추를 고명으로 얹는다.

두부전골

요구사항

1) 두부의 크기는 3cm×2.5cm×0.5cm 정도로 하고 지진 두부와 두부 사이에 고기를 넣어 미나리로 묶어 7개 만드시오.

2) 완자는 지름 1.5cm 정도로 5개 만들어 지져 사용하시오.

3) 달걀은 황·백지단을 부쳐 사용하고, 채소는 5cm 길이로 썰어 사용하시오.

4) 재료를 색 맞추어 돌려 담고 육수를 부어 끓여내시오.

지급 재료

· 두부 200g · 소고기(살코기) 30g · 소고기(사태) 20g · 무(길이로 5cm 이상) 60g · 당근 60g
· 실파(중) 2뿌리 · 숙주(생것) 50g · 건표고버섯(불린 것) 1개 · 달걀 2개 · 양파 1/4개 · 미나리 40g
· 밀가루(중력분) 20g · 감자전분 20g · 마늘 · 대파(흰 부분) · 진간장 · 국간장 · 소금 · 참기름
· 식용유 · 검은 후춧가루

❈ 소고기 양념

· 소금 1/3작은술 · 다진 파 1/2작은술 · 다진 마늘 1/4작은술 · 진간장 · 참기름 · 검은 후춧가루

만드는 법

1. 소고기(사태 부위)는 핏물을 닦아 찬물 4컵에 대파, 마늘과 함께 넣어
   육수를 맑게 끓여 걸러서 국간장과 소금으로 간을 한다.(편육은 얇게
   썬다.)

2. 두부는 3cm×4cm×0.5cm 정도 크기로 14개를 썰어 소금을 약간 뿌렸
   다가 물기를 닦고 겉면에 감자전분을 고루 묻혀 팬에 식용유를 두르고
   지져낸다.

3. 무, 당근, 표고는 5cm×1.2cm×0.5cm 정도로 썰어 무, 당근은 데치고,
   미나리줄기(1/2)는 데쳐서 헹구고 나머지는 미나리 초대용으로 준비한다.

4. 숙주는 거두절미하여 데쳐 헹구어 소금과 참기름으로 무친다.

5. 양파는 5cm 길이로 채를 썰고, 실파는 5cm 길이로 썬다.

6. 황 · 백지단과 미나리초대를 부쳐서 5cm×1.2cm 정도로 썬다.

7. 소고기(살코기)는 1/2은 곱게 다져 으깬 두부와 섞어 양념을 하여 지름
   1.5cm 정도 크기로 완자를 5개 빚어 밀가루, 달걀을 입혀 팬에 지져낸다.

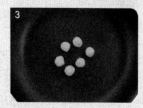

8. 소고기(살코기)는 1/2은 곱게 다져 양념을 하여 지진 두부와 두부 사이
   에 양념한 고기를 넣어 미나리로 묶어 7개를 만든다.

9. 전골냄비에 편육, 무, 당근 자투리를 깔고 준비한 재료들을 색을 맞추어
   돌려 담고 두부와 완자를 중앙에 담고 간을 한 육수를 부어 끓여낸다.

오이선

요구사항

1) 오이를 길이로 1/2등분한 후, 4cm 간격으로 어슷하게 썰어 4개를 만드시오(반원모양).

2) 일정한 간격으로 3군데 칼집을 넣고 부재료를 일정량씩 색을 맞춰 끼우시오.

   (단, 달걀은 황 · 백으로 분리하여 사용하시오.)

3) 단촛물을 오이선에 끼얹어 내시오.

지급 재료

· 오이 1/2개 · 건표고버섯(불린 것) 1개 · 소고기(살코기) 10g · 달걀 1개 · 식용유 · 소금 · 흰설탕 · 식초
· 대파(흰 부분) · 마늘 · 진간장 · 검은 후춧가루 · 참기름 · 깨소금

❀ 소고기 · 표고버섯 양념

· 진간장 1/2작은술 · 설탕 1/4작은술 · 다진 파 1/3작은술 · 다진 마늘 1/5작은술 · 깨소금 · 참기름
· 검은 후춧가루 약간

❀ 단촛물

· 물 2/3큰술 · 설탕 2/3큰술 · 식초 2/3큰술 · 소금 1/3작은술

만드는 법

1. 오이는 소금으로 비벼서 깨끗이 씻어 길이로 2등분 한 후 4cm 길이의 반원 모양으로 어슷하게 썰어 껍질 쪽에 일정한 간격으로 3군데 칼집을 넣는다.

2. 오이의 칼집 넣은 부분이 소금물에 잠기도록 하여 나른하게 절인다.

3. 소고기와 표고는 3cm×0.1cm×0.1cm로 곱게 채를 썰어 양념을 한다.

4. 달걀은 황·백지단을 부쳐 3cm×0.1cm×0.1cm로 곱게 채를 썬다.

5. 절인 오이는 물기를 제거하여 달군 팬에 식용유를 약간 두르고 파랗게 살짝 볶아서 식힌다.

6. 달군 팬에 식용유를 약간 두르고 소고기와 표고버섯을 볶는다.

7. 오이의 칼집 사이에 소고기와 표고 볶은 것, 황·백지단 채를 색 맞춰 끼워 넣는다.

8. 단촛물을 만들어 내기 전에 오이선 위에 고루 끼얹어낸다.

어채

요구사항

1) 생선살은 3cm×4cm 정도의 크기로 썰어 6개 만드시오.
2) 오이 껍질부분, 황·백지단, 홍고추는 2cm×4cm 크기로 각 3개씩 썰고, 표고버섯도 같은 크기로 써시오.
3) 초고추장을 곁들여 내시오.

지급 재료

· 흰살생선(대구살) 200g · 오이 1/2개 · 홍고추 2개 · 건표고버섯(불린 것) 1개 · 달걀 1개 · 전분 · 생강
· 소금 · 흰 후춧가루 · 청주 · 고추장 · 식초 · 흰설탕 · 식용유

❀ 생선 밑간

· 소금 · 청주 · 생강즙 · 흰 후춧가루

❀ 초고추장

· 고추장 1큰술 · 식초 1큰술 · 설탕 2작은술

만드는 법

1. 생선은 손질하여 포를 떠서 3cm, 4cm 정도의 크기로 6개를 썰어 밑간
   을 하여 수분을 제거한다.

2. 오이는 돌려 깎고, 홍고추와 표고버섯은 손질하여 2cm×4cm 크기로
   각 3개씩 썬다.

3. 달걀은 황·백으로 나누어 지단을 도톰하게 부쳐서 2cm×4cm 크기로
   썬다.

4. 생선살, 홍고추, 오이, 표고버섯에 전분을 묻혀 수분이 흡수되도록 잠시
   둔다.

5. 끓는 물에 소금을 넣어 ④의 재료를 살짝 데쳐내어 찬물에 헹구어 다시
   전분을 입혀 데쳐 헹구기를 2~3번 반복한다.

6. 접시에 채소, 버섯, 황·백지단을 각 3개씩 색 맞추어 담고 가운데에 생
   선을 6개 담는다.

7. 초고추장을 만들어 곁들인다.

수험자 유의사항

※ 다음 유의사항을 고려하여 요구사항을 완성합니다.

1) 조리산업기사로서 갖추어야 할 숙련도, 재료관리, 작품의 예술성을 나타내어야 합니다.

2) 지정된 시설을 사용하고, 지급재료 및 지참공구목록 이외의 조리기구는 사용할 수 없으며, 지참공구목록에 없는 단순 조리기구(수저통 등) 지참 시 시험위원에게 확인 후 사용합니다.

3) 지급재료는 1회에 한하여 지급되며 재지급은 하지 않습니다.(단, 수험자가 시험 시작 전 지급된 재료를 검수하여 재료가 불량하거나 양이 부족하다고 판단될 경우에는 즉시 시험위원에게 통보하여 교환 또는 추가 지급을 받도록 합니다.)

4) 요구사항의 규격은"정도"의 의미를 포함하며, 지급된 재료의 크기에 따라 가감하여 채점됩니다.

5) 위생복, 위생모, 앞치마, 마스크를 착용하여야 하며, 시험장비, 가스레인지(가스밸브 개폐기 사용), 조리도구 등을 사용할 때에는 안전사고 예방에 유의합니다.

6) 다음 사항은 실격에 해당하여 채점 대상에서 제외됩니다.

   가) 수험자 본인이 시험 도중 시험에 대한 포기 의사를 표현하는 경우

   나) 위생복, 위생모, 앞치마, 마스크를 착용하지 않은 경우

   다) 시험시간 내에 과제를 모두 제출하지 못한 경우

   라) 문제의 요구사항대로 과제의 수량이 만들어지지 않은 경우

   마) 완성품을 요구사항의 과제(요리)가 아닌 다른 요리(예, 달걀말이→달걀찜)로 만들었거나, 요구사항에 없는 과제(요리)를 추가하여 만든 경우

   바) 불을 사용하여 만든 과제가 과제특성에 벗어나는 정도로 타거나 익지 않은 경우

   사) 요구사항의 조리기구(석쇠 등)를 사용하여 완성품을 조리하지 않은 경우

   아) 수험자 지참준비물 이외 조리기술에 영향을 줄 수 있는 기구를 사용한 경우

   자) 시험 중 시설·장비(칼, 가스레인지 등) 사용 시 시험위원 및 타 수험자의 시험 진행에 위해를 일으킬 것으로 시험위원 전원이 합의하여 판단한 경우

   차) 요구사항에 표시된 실격 및 부정행위에 해당하는 경우

7) 완료된 과제는 지정한 장소에 시험시간 내에 제출하여야 합니다.

8) 가스레인지 화구는 2개까지 사용 가능합니다.

9) 과제를 제출한 다음 본인이 조리한 장소의 주변을 깨끗이 청소하고 조리기구를 정리정돈한 후 시험위원의 지시에 따라 퇴실합니다.

10) 시험시작 전 가벼운 몸 풀기(스트레칭) 동작으로 긴장을 풀고 시험을 시작합니다.

칼국수, 구절판, 사슬적, 도라지정과

요구사항

※ 위생과 안전에 유의하여 주어진 재료로 다음과 같이 만드시오.

가. 칼국수

1) 국수의 굵기는 두께가 0.2cm, 폭은 0.3cm가 되도록 하시오.
2) 멸치는 육수용으로 사용하시오.
3) 애호박은 돌려 깎아 채 썰고, 표고버섯은 채 썰어 볶아 실고추와 함께 고명으로 사용하시오.
4) 국수와 국물의 비율은 1 : 2 정도가 되도록 하시오.

나. 구절판

1) 채소는 5cm×0.2cm×0.2cm 정도의 크기로 채 썰어 사용하시오.
2) 밀전병은 직경 6cm 정도의 크기로 7개 만드시오.
3) 밀전병 사이에 비늘잣을 고명으로 얹으시오.

다. 사슬적

1) 사슬적은 폭 6cm, 길이 6cm 정도 되게 하시오.
2) 소고기는 다져 사용하시오.
3) 사슬적은 2개 제출하고, 잣가루를 고명으로 하시오.

라. 도라지정과

1) 도라지는 5cm×1cm×0.6cm 정도로 자르고 데쳐서 사용하시오.
2) 설탕과 물엿을 사용하여 윤기 나게 졸여 전량 제출하시오.

	칼국수, 구절판, 사슬적, 도라지정과			
번호	재료명	규격	수량	비고
1	밀가루	중력분	160g	
2	멸치	장국용(대)	20g	
3	애호박		1/3개	
4	건표고버섯	불린 것	3개	
5	소고기	우둔, 길이 6cm	130g	
6	오이		1/2개	
7	당근	길이 7cm 정도	60g	
8	달걀		2개	
9	석이버섯		5g	5장
10	숙주	생것	60g	
11	대구살	껍질 있는 채로	200g	
12	두부	3장 뜨기한 것	40g	
13	통도라지		100g	
14	잣	껍질 있는 것	10g	
15	산적꼬치		4개	
16	실고추	10cm 이상	1g	
17	물엿		60g	
18	대파		1토막	
19	마늘	흰부분(4cm 정도)	2쪽	
20	생강		20g	
21	국간장		10mL	
22	진간장		30mL	
23	흰설탕		80g	
24	소금		30g	
25	깨소금		10g	
26	참기름		20mL	
27	검은 후춧가루		2g	
28	흰 후춧가루		1g	
29	식용유		50mL	

칼국수

• 밀가루 • 멸치 • 애호박 • 건표고버섯 • 실고추 • 대파 마늘 • 식용유 • 소금 • 국간장 • 참기름 • 흰설탕

구절판

• 소고기 • 오이 • 당근 • 달걀 • 석이버섯 • 건표고버 섯 • 숙주 • 밀가루 • 잣 • 진간장 • 대파 • 마늘 • 검은 후춧가루 • 참기름 • 흰설탕 • 깨소금 • 식용유 • 소금

사슬적

• 대구살 • 소고기 • 두부 • 밀가루 • 잣 • 흰설탕 • 대 파 • 마늘 • 산적꼬치 • 생강 • 진간장 • 소금 • 흰 후춧 가루 • 깨소금 • 참기름 • 식용유

도라지정과

• 통도라지 • 소금 • 흰설탕 • 물엿

칼국수

요구사항

1) 국수의 굵기는 두께가 0.2cm, 폭은 0.3cm가 되도록 하시오.

2) 멸치는 육수용으로 사용하시오.

3) 애호박은 돌려 깎아 채 썰고, 표고버섯은 채 썰어 볶아 실고추와 함께 고명으로 사용하시오.

4) 국수와 국물의 비율은 1 : 2 정도가 되도록 하시오.

지급 재료

· 밀가루(중력분) 100g · 멸치(장국용 · 대) 20g · 애호박 1/3개 · 건표고버섯(불린 것) 1개 · 실고추 1g
· 대파(흰 부분) · 마늘 1쪽 · 식용유 · 소금 · 국간장 · 참기름 · 흰설탕

❀ 표고버섯 양념

· 국간장 1/2작은술 · 설탕 1/4작은술 · 참기름 1/4작은술

만드는 법

1. 냄비에 물을 붓고 내장을 제거한 멸치와 대파, 마늘을 넣어 끓기 시작
   하면 불을 줄이고 거품을 걷어 내며 은근히 끓여 소창에 거른다.

2. 밀가루에 소금물을 조금씩 넣어가며 섞어 반죽하여 면포나 비닐봉지에
   넣어 숙성한다. (이때 덧가루용 밀가루는 남겨둔다.)

3. 고명으로 얹을 실고추는 자르고, 대파의 일부는 어슷하게 썬다.

4. 애호박은 돌려 깎아 채 썰어 소금에 살짝 절여 수분을 제거하여 볶는다.

5. 표고버섯은 포를 떠서 채 썰어 양념을 하여 볶는다.

6. 숙성된 반죽을 0.1cm 두께로 밀가루를 뿌려가며 밀어서 0.2cm 폭으로
   썰어 털어서 펼친다.

7. 육수가 끓으면 국간장과 소금으로 간을 하고 국수의 밀가루를 털어내
   고 조금씩 넣어가며 젓는다.

8. 국수가 익어서 떠오르기 시작하면 어슷하게 썬 파를 넣고 한소끔 더 끓
   으면 국수와 국물의 비율이 1 : 2 정도가 되게 담고 애호박, 표고버섯,
   실고추를 고명으로 얹는다.

구절판

요구사항

1) 채소는 5cm×0.2cm×0.2cm 정도의 크기로 채 썰어 사용하시오.

2) 밀전병은 직경 6cm 정도의 크기로 7개 만드시오.

3) 밀전병 사이에 비늘잣을 고명으로 얹으시오.

지급 재료

· 소고기(우둔 · 길이 6cm) 50g · 오이 1/2개 · 당근(길이 7cm 정도) 60g · 달걀 1개 · 석이버섯 5g
· 건표고버섯(불린 것) 2개 · 숙주(생것) 60g · 밀가루 · 잣 5g · 진간장 · 대파 · 마늘 · 검은 후춧가루
· 참기름 · 흰설탕 · 깨소금 · 식용유 · 소금

※ 소고기 · 표고버섯 양념

· 진간장 2/3큰술 · 설탕 2/3작은술 · 다진 파 · 다진 마늘 · 깨소금 · 참기름 · 검은 후춧가루

※ 밀전병

· 밀가루 6큰술 · 물 7큰술 · 소금 1/4작은술

만드는 법

1. 밀가루에 소금을 섞어 물을 조금씩 넣어 체에 내려 숙성한다.

2. 오이는 5cm 정도의 길이로 토막을 낸 후 돌려깎기 하여 0.2cm 굵기로 채를 썰어 소금에 절인 후 물기를 짜서 볶는다.

3. 당근은 5cm×0.2cm 정도로 가늘게 채를 썰어서 볶는다.

4. 석이버섯은 안쪽의 이끼를 깨끗이 없애고 돌을 뗀 후 겹쳐서 말아 가늘게 채 썬 후 참기름, 소금, 후춧가루로 양념하여 볶아 펴서 식혀둔다.

5. 소고기, 표고버섯은 가늘게 채 썬 후 양념하여 각각 볶는다.

6. 숙주는 머리와 꼬리를 다듬고 데쳐내어 소금, 참기름으로 무친다.

7. 달걀은 황 · 백으로 나누어 지단을 얇게 부쳐 채 썬다.

8. 팬에 식용유를 두르고 닦아낸 후 지름 6cm 정도 크기의 원형으로 밀전병을 7개 얇게 부친다.

9. 잣은 세로로 쪼개어 비늘잣을 만든다.

10. 접시에 준비한 8가지 재료를 색이 어울리게 담고, 접시 중앙에 밀전병을 놓고 밀전병 사이에 비늘잣을 고명으로 놓으면서 겹겹이 포개어 담는다.

* 밀전병 반죽은 미리 섞어두면 글루텐이 형성되어 탄력이 있고, 체에 내려 잠시 두면 거품이 없어지고 결이 곱게 부칠 수 있다.

사슬적

요구사항

1) 사슬적은 폭 6cm, 길이 6cm 정도 되게 하시오.
2) 소고기는 다져 사용하시오.
3) 사슬적은 2개 제출하고, 잣가루를 고명으로 하시오.

지급 재료

· 대구살(껍질 있는 채로 3장 뜨기 한 것) 200g · 소고기 80g · 두부 40g · 밀가루 · 잣 5g · 흰설탕
· 대파 · 마늘 · 산적꼬치 2개 · 생강 · 진간장 · 소금 · 흰 후춧가루 · 깨소금 · 참기름 · 식용유

❀ 생선 밑간

· 생강즙 · 소금 · 흰 후춧가루

❀ 소고기 · 두부 양념

· 소금 2/3작은술 · 설탕 1/3작은술 · 다진 파 1작은술 · 다진 마늘 1/2작은술 · 참기름 · 깨소금
· 검은 후춧가루 약간

만드는 법

1. 생선살은 껍질을 벗기고 8cm×1.2cm×0.7cm 정도의 크기로 썰어 물기를 제거한 다음 생강즙, 소금, 후춧가루로 밑간을 한다.

2. 소고기는 곱게 다져서 핏물을 제거하고 두부는 물기를 제거하여 으깬 후 소고기와 함께 섞어 갖은 양념하여 7cm×1.2cm×0.7cm 정도로 4개를 만든다.

3. 생선 3개, ②의 고기 2개를 꼬치에 번갈아 끼우고 밀가루를 묻혀 2꼬치를 만든다.

4. 달군 팬에 식용유를 두르고 사슬적을 약불에서 타지 않게 구워내어 꼬치를 돌려서 뺀다.

5. 잣가루를 만든다.

6. 사슬적은 2개를 담고 그 위에 잣가루를 뿌린다.

도라지정과

요구사항

1) 도라지는 5cm×1cm×0.6cm 정도로 자르고 데쳐서 사용하시오.
2) 설탕과 물엿을 사용하여 윤기 나게 졸여 전량 제출하시오.

지급 재료

· 통도라지(껍질 있는 것) 100g · 소금 · 흰설탕 30g · 물엿 60g

❀ 조림시럽

· 물 1컵 · 설탕 2큰술 · 물엿 3큰술 · 소금 약간

만드는 법

1. 통도라지는 껍질을 벗겨 길이 6cm, 폭 1cm, 두께 0.6cm 정도로 썰어 소금으로 주물러 헹구어 쓴맛을 뺀다.

2. 끓는 물에 소금을 약간 넣고 도라지를 살짝 데쳐 찬물에 헹구어 건진다.

3. 냄비에 도라지, 물, 설탕, 소금을 넣어 불을 약하게 하여 거품을 걷어가며 졸인다.

4. 거의 졸았을 때 물엿을 넣고 윤기 나게 다시 조린다.

5. 윤기 나고 투명하게 졸여졌으면 꺼내어 체나 망 위에 올려놓아 시럽을 빼고 식혀서 담는다.

* 정과는 불의 온도가 너무 높으면 완성되었을 때 시럽이 굳을 수 있으므로 약불에서 서서히 조린다.

* 끓이는 도중에 거품을 걷어야 투명하게 조려진다.

수험자 유의사항

※ 다음 유의사항을 고려하여 요구사항을 완성합니다.

1) 조리산업기사로서 갖추어야 할 숙련도, 재료관리, 작품의 예술성을 나타내어야 합니다.

2) 지정된 시설을 사용하고, 지급재료 및 지참공구목록 이외의 조리기구는 사용할 수 없으며, 지참공구목록에 없는 단순 조리기구(수저통 등) 지참 시 시험위원에게 확인 후 사용합니다.

3) 지급재료는 1회에 한하여 지급되며 재지급은 하지 않습니다.(단, 수험자가 시험 시작 전 지급된 재료를 검수하여 재료가 불량하거나 양이 부족하다고 판단될 경우에는 즉시 시험위원에게 통보하여 교환 또는 추가 지급을 받도록 합니다.)

4) 요구사항의 규격은 "정도"의 의미를 포함하며, 지급된 재료의 크기에 따라 가감하여 채점됩니다.

5) 위생복, 위생모, 앞치마, 마스크를 착용하여야 하며, 시험장비, 가스레인지(가스밸브 개폐기 사용), 조리도구 등을 사용할 때에는 안전사고 예방에 유의합니다.

6) 다음 사항은 실격에 해당하여 채점 대상에서 제외됩니다.

　가) 수험자 본인이 시험 도중 시험에 대한 포기 의사를 표현하는 경우

　나) 위생복, 위생모, 앞치마, 마스크를 착용하지 않은 경우

　다) 시험시간 내에 과제를 모두 제출하지 못한 경우

　라) 문제의 요구사항대로 과제의 수량이 만들어지지 않은 경우

　마) 완성품을 요구사항의 과제(요리)가 아닌 다른 요리(예, 달걀말이→달걀찜)로 만들었거나, 요구사항에 없는 과제(요리)를 추가하여 만든 경우

　바) 불을 사용하여 만든 과제가 과제특성에 벗어나는 정도로 타거나 익지 않은 경우

　사) 요구사항의 조리기구(석쇠 등)를 사용하여 완성품을 조리하지 않은 경우

　아) 수험자 지참준비물 이외 조리기술에 영향을 줄 수 있는 기구를 사용한 경우

　자) 시험 중 시설·장비(칼, 가스레인지 등) 사용 시 시험위원 및 타 수험자의 시험 진행에 위해를 일으킬 것으로 시험위원 전원이 합의하여 판단한 경우

　차) 요구사항에 표시된 실격 및 부정행위에 해당하는 경우

7) 완료된 과제는 지정한 장소에 시험시간 내에 제출하여야 합니다.

8) 가스레인지 화구는 2개까지 사용 가능합니다.

9) 과제를 제출한 다음 본인이 조리한 장소의 주변을 깨끗이 청소하고 조리기구를 정리정돈한 후 시험위원의 지시에 따라 퇴실합니다.

10) 시험시작 전 가벼운 몸 풀기(스트레칭) 동작으로 긴장을 풀고 시험을 시작합니다.

편수, 오이/고추소박이, 돼지갈비찜, 율란/조란

출제
문제
3형

요구사항

※ 위생과 안전에 유의하여 주어진 재료로 다음과 같이 만드시오.

가. 편수

1) 만두피는 8cm×8cm 정도의 크기로 만드시오.
2) 소와 잣을 하나씩 넣은 편수를 5개 만드시오.
3) 육수를 내어 기름기를 제거하고 차게 식힌 다음 편수를 넣어 내시오.

나. 오이/고추소박이

1) 오이소박이는 길이 6cm 정도로 3개 만들고, 부추는 0.5cm 정도 길이로 소를 만드시오.
2) 풋고추는 꼭지부분을 1cm 정도 남기고 길이대로 칼집을 넣어 소금물에 절여 사용하시오.
3) 고추소박이 소는 무 2cm 길이로 채 썰고, 부추, 쪽파도 같은 길이로 썰어 생강, 마늘, 멸치액젓을 사용하여 만드시오.
4) 풋고추에 소를 채워 잣을 2~3개씩 박아 5개를 만들고 국물을 부어 담아 제출하시오.

다. 돼지갈비찜

1) 갈비는 핏물을 제거하여 사용하시오.
2) 감자와 당근은 3cm 정도 크기로 잘라 모서리를 다듬어 사용하시오.
3) 갈비찜은 잘 무르고 부서지지 않게 조리하고, 전량의 갈비를 국물과 함께 담아 제출하시오.

라. 율란/조란

1) 율란에 묻히는 고명은 잣가루를 사용하시오.
2) 대추 모양의 한쪽에만 잣을 박아내시오.
3) 율란과 조란 각각 5개를 만들어 제출하시오.

번호	재료명	규격	수량	비고
	편수, 오이/고추소박이, 돼지갈비찜, 율란/조란			
1	소고기	우둔	60g	
2	소고기	양지	30g	
3	애호박		1/4개	
4	건표고버섯	불린 것	1개	
5	밀가루	중력분	70g	
6	숙주	생것	30g	
7	오이		1개	
8	풋고추		5개	
9	무		50g	
10	부추		40g	
11	쪽파	1뿌리	20g	실파 대체 가능
12	돼지갈비	5cm(토막)	200g	
13	감자	150g 정도	1/2개	
14	당근	길이 7cm 정도	50g	
15	홍고추		1/2개	
16	밤	껍질 있는 것	10개	
17	건대추		15개	
18	계핏가루		20g	
19	꿀		70g	
20	잣		30g	
21	양파		1/3개	
22	멸치액젓		20mL	
23	대파	흰부분(4cm 정도)	1토막	
24	마늘		2쪽	
25	생강		20g	
26	국간장		10mL	
27	진간장		50mL	
28	흰설탕		20g	
29	소금		30g	
30	깨소금		10g	
31	참기름		20mL	
32	고춧가루		10g	
33	검은 후춧가루		3g	

편수

- 소고기(우둔) · 소고기(양지) · 건표고버섯 · 애호박
· 숙주 · 잣 · 밀가루 · 대파 · 마늘 · 소금 · 흰설탕 · 참
기름 · 깨소금 · 검은 후춧가루 · 진간장 · 국간장

오이/고추소박이

- 오이 · 풋고추 · 무 · 부추 · 쪽파 · 멸치액젓 · 대파
· 마늘 · 생강 · 소금 · 고춧가루 · 잣

돼지갈비찜

- 돼지갈비 · 감자 · 당근 · 양파 · 홍고추 · 대파 · 마
늘 · 생강 · 진간장 · 흰설탕 · 검은 후춧가루 · 깨소금
· 참기름

율란/조란

- 밤 · 건대추 · 계핏가루 · 꿀 · 잣 · 소금

편수

요구사항

1) 만두피는 8cm×8cm 정도의 크기로 만드시오.
2) 소와 잣을 하나씩 넣은 편수를 5개 만드시오.
3) 육수를 내어 기름기를 제거하고 차게 식힌 다음 편수를 넣어 내시오.

지급 재료

- 소고기(우둔) 60g · 소고기(양지) 30g · 건표고버섯(불린 것) 1개 · 애호박 1/4개 · 숙주 30g · 잣 5g
- 밀가루 70g · 대파 · 마늘 · 소금 · 흰설탕 · 참기름 · 깨소금 · 검은 후춧가루 · 진간장 · 국간장

❀ 만두피

- 밀가루 1/2컵 · 소금물 2큰술

❀ 소고기 · 표고버섯 양념

- 진간장 2작은술 · 설탕 1작은술 · 다진 파 · 다진 마늘 · 참기름 · 깨소금 · 검은 후춧가루

❀ 소 양념

- 소금 · 다진 파 · 다진 마늘 · 참기름 · 깨소금 · 설탕 · 검은 후춧가루

만드는 법

1. 밀가루는 체에 내려 덧가루를 남기고 소금물로 반죽하여 비닐봉지나 면포에 싸서 숙성한다.

2. 소고기(양지)는 핏물을 빼고 대파와 마늘을 넣어 육수를 끓여 식혀서 소창에 맑게 거른다.

3. 호박은 돌려 깎아 채를 썰어 소금에 절인 후 물기를 짜고, 숙주는 데쳐 송송 썬 다음 물기를 짠다.

4. 소고기(우둔)는 곱게 다지고 표고버섯은 불려서 기둥을 떼고 가늘게 채를 썰어 양념을 한다.

5. 팬에 식용유를 두르고 호박, 표고버섯, 소고기를 각각 볶아내어 숙주와 섞어 소양념을 한다.

6. 숙성된 반죽은 얇게 밀어 8cm×8cm 정도의 정사각형으로 자른다.

7. 만두피에 소와 잣을 한 알씩 넣고 네모지게 빚은 다음 7~8분 정도 찌거나 삶아 건진다.

8. ②의 차게 식힌 육수에 국간장과 소금으로 간을 맞추고 편수 5개를 넣어서 낸다.

오이/고추소박이

요구사항

1) 오이소박이는 길이 6cm 정도로 3개 만들고, 부추는 0.5cm 정도 길이로 소를 만드시오.

2) 풋고추는 꼭지부분을 1cm 정도 남기고 길이대로 칼집을 넣어 소금물에 절여 사용하시오.

3) 고추소박이 소는 무 2cm 길이로 채 썰고, 부추, 쪽파도 같은 길이로 썰어 생강, 마늘, 멸치액젓을 사용하여 만드시오.

4) 풋고추에 소를 채워 잣을 2~3개씩 박아 5개를 만들고 국물을 부어 담아 제출하시오.

지급 재료

· 오이 1개 · 풋고추 5개 · 무 50g · 부추 40g · 쪽파 1뿌리(20g) · 멸치액젓 20mL · 대파(흰 부분) · 마늘
· 생강 · 소금 · 고춧가루 10g · 잣 5g

▦ 오이소박이 소

· 부추 · 고춧가루 1½큰술 · 다진 파 · 다진 마늘 · 생강 · 소금

▦ 고추소박이 소

· 무채 · 부추 · 쪽파 · 마늘채 · 생강채 · 멸치액젓 · 소금

▦ 소박이 국물

· 물 2큰술 · 소금 1/2작은술

만드는 법

1. 오이를 소금으로 비벼서 깨끗이 씻은 후 6cm 길이로 잘라 양 끝을 1cm씩 남기고 열십자로 칼집을 넣어 소금물에 절인다.

2. 풋고추는 꼭지부분을 1cm 정도 남기고 길이대로 칼집을 넣어 씨를 제거하고 소금물에 절인다.

3. 오이소박이 소 만들기

   마늘, 생강은 다지거나 채를 썰고 부추는 0.5cm 정도로 썰어 고춧가루, 멸치액젓, 소금을 넣어 오이소박이 소를 만든다.

4. 고추소박이 소 만들기

   무는 2cm 길이로 채 썰고, 부추, 쪽파도 같은 길이로 썰고 마늘과 생강은 채를 썰어 멸치액젓과 소금을 넣어 고추소박이 소를 만든다.

5. 수분을 제거한 오이 표면에 소가 묻지 않도록 칼집 사이에 소를 채워서 담고, 남은 양념에 물과 소금을 약간 넣어 김치국물을 만들어 붓는다.

6. 절인 풋고추에 소를 채워 잣을 2~3개씩 박아서 담고, 남은 양념에 물과 소금을 약간 넣어 각각 김칫국물을 만들어 붓는다.

돼지갈비찜

요구사항

1) 갈비는 핏물을 제거하여 사용하시오.

2) 감자와 당근은 3cm 정도 크기로 잘라 모서리를 다듬어 사용하시오.

3) 갈비찜은 잘 무르고 부서지지 않게 조리하고, 전량의 갈비를 국물과 함께 담아 제출하시오.

지급 재료

· 돼지갈비(5cm 토막) 200g · 감자(150g) 1/2개 · 당근(길이 7cm 정도) 50g · 양파 1/3개 · 홍고추 1/2개
· 대파 · 마늘 · 생강 · 진간장 · 흰설탕 · 검은 후춧가루 · 깨소금 · 참기름

✿ 양념장

· 진간장 2½큰술 · 설탕 1큰술 · 다진 파 2작은술 · 다진 마늘 1작은술 · 생강즙 1/2작은술 · 깨소금 1작은술
· 참기름 1/2작은술 · 검은 후춧가루 약간

만드는 법

1. 돼지갈비는 기름을 떼고 찬물에 담가 핏물을 뺀 후 칼집을 넣어 끓는
   물에 살짝 데쳐낸 후 찬물에 헹군다.

2. 감자와 당근은 사방 3cm 정도로 잘라 모서리를 다듬는다.

3. 홍고추는 어슷하게 썰어 씨를 제거하고, 양파는 길이로 3~4등분을 한다.

4. 파, 마늘, 생강을 곱게 다져 양념장을 만든다.

5. 냄비에 돼지갈비와 양념장을 2/3 정도 넣고 갈비가 잠길 정도의 물을
   부어 센 불에서 뚜껑을 덮어서 익혀 갈비가 반쯤 익었을 때 불을 낮추
   어 당근, 감자, 양파, 홍고추를 넣는다.

6. 재료가 무르고 국물이 줄어들면 남은 양념장을 넣어 뚜껑을 열고 국물
   을 끼얹어가며 윤기 나게 조린다.

7. 돼지갈비찜을 담고 남은 국물을 끼얹는다.

율란/조란

요구사항

1) 율란에 묻히는 고명은 잣가루를 사용하시오.
2) 대추 모양의 한쪽에만 잣을 박아내시오.
3) 율란과 조란 각각 5개를 만들어 제출하시오.

지급 재료

· 밤(껍질 있는 것) 10개 · 건대추 15개 · 계핏가루 20g · 꿀 70g · 잣 20g · 소금

출제
문제
3형

만드는 법

1. 밤은 20∼30분 정도 삶아 물은 버리고 센 불에 볶아 반으로 잘라 살을 파내어 으깨어 체에 내린다.

2. 밤 고물에 소금, 계핏가루 약간, 꿀을 넣고 고루 섞어 덩어리로 꼭꼭 뭉친다.

3. 잣은 고깔을 떼고 마른 행주로 닦은 다음 5개는 남기고, 나머지 잣은 곱게 다진다.

4. 밤 반죽을 조금씩 떼어 밤 모양으로 빚은 다음 넓은 쪽에 꿀을 조금 바른 후 잣가루를 묻힌다. (반죽이 되면 꿀을 더 넣는다)

5. 대추는 씻어 찜통에 5∼6분 정도 쪄서 씨를 발라내고, 대추 살을 곱게 다진다.

6. 냄비에 다진 대추, 물 1큰술, 꿀, 계핏가루를 넣고 약한 불에서 주걱으로 저으면서 조려 덩어리지게 뭉친다.

7. 대추 반죽이 식으면 조금씩 떼어 대추 모양으로 빚고 한쪽 끝에 잣을 박아서 담아낸다.

8. 율란과 조란을 각각 5개씩 담아낸다.

* 율란을 만들 때는 꿀을 조금씩 넣어가며 반죽의 농도를 맞춘다.

수험자 유의사항

※ 다음 유의사항을 고려하여 요구사항을 완성합니다.

1) 조리산업기사로서 갖추어야 할 숙련도, 재료관리, 작품의 예술성을 나타내어야 합니다.

2) 지정된 시설을 사용하고, 지급재료 및 지참공구목록 이외의 조리기구는 사용할 수 없으며, 지참공구목록에 없는 단순 조리기구(수저통 등) 지참 시 시험위원에게 확인 후 사용합니다.

3) 지급재료는 1회에 한하여 지급되며 재지급은 하지 않습니다.(단, 수험자가 시험 시작 전 지급된 재료를 검수하여 재료가 불량하거나 양이 부족하다고 판단될 경우에는 즉시 시험위원에게 통보하여 교환 또는 추가 지급을 받도록 합니다.)

4) 요구사항의 규격은 "정도"의 의미를 포함하며, 지급된 재료의 크기에 따라 가감하여 채점됩니다.

5) 위생복, 위생모, 앞치마, 마스크를 착용하여야 하며, 시험장비, 가스레인지(가스밸브 개폐기 사용), 조리도구 등을 사용할 때에는 안전사고 예방에 유의합니다.

6) 다음 사항은 실격에 해당하여 채점 대상에서 제외됩니다.

　가) 수험자 본인이 시험 도중 시험에 대한 포기 의사를 표현하는 경우

　나) 위생복, 위생모, 앞치마, 마스크를 착용하지 않은 경우

　다) 시험시간 내에 과제를 모두 제출하지 못한 경우

　라) 문제의 요구사항대로 과제의 수량이 만들어지지 않은 경우

　마) 완성품을 요구사항의 과제(요리)가 아닌 다른 요리(예, 달걀말이→달걀찜)로 만들었거나, 요구사항에 없는 과제(요리)를 추가하여 만든 경우

　바) 불을 사용하여 만든 과제가 과제특성에 벗어나는 정도로 타거나 익지 않은 경우

　사) 요구사항의 조리기구(석쇠 등)를 사용하여 완성품을 조리하지 않은 경우

　아) 수험자 지참준비물 이외 조리기술에 영향을 줄 수 있는 기구를 사용한 경우

　자) 시험 중 시설·장비(칼, 가스레인지 등) 사용 시 시험위원 및 타 수험자의 시험 진행에 위해를 일으킬 것으로 시험위원 전원이 합의하여 판단한 경우

　차) 요구사항에 표시된 실격 및 부정행위에 해당하는 경우

7) 완료된 과제는 지정한 장소에 시험시간 내에 제출하여야 합니다.

8) 가스레인지 화구는 2개까지 사용 가능합니다.

9) 과제를 제출한 다음 본인이 조리한 장소의 주변을 깨끗이 청소하고 조리기구를 정리정돈한 후 시험위원의 지시에 따라 퇴실합니다.

10) 시험시작 전 가벼운 몸 풀기(스트레칭) 동작으로 긴장을 풀고 시험을 시작합니다.

만둣국, 밀쌈, 두부선, 3가지 나물

요구사항

※ 위생과 안전에 유의하여 주어진 재료로 다음과 같이 만드시오.

가. 만둣국

1) 만두피는 지름 8cm 정도로 하고 소를 넣어 반으로 접어 붙이고 양쪽 끝을 서로 맞붙여 둥근 모양의 만두를 5개 만드시오.
2) 마름모꼴의 황·백지단, 미나리 초대를 고명으로 하시오.

나. 밀쌈

1) 밀쌈의 지름은 2cm 정도, 길이는 4cm 정도로 만드시오.
2) 밀쌈은 8개 제출하고 초간장을 곁들이시오.

다. 오이선

1) 두부선의 크기는 3cm×3cm×1cm 정도로 9개를 제출하시오.
2) 고명(황·백지단, 석이버섯, 표고버섯, 실고추)은 채 썰고 잣은 비늘잣으로 사용하며, 겨자장을 곁들이시오.

라. 3가지 나물(호박/도라지/시금치)

1) 애호박은 0.5cm 정도 두께의 반달형으로 썰어 소금에 절이고, 소고기는 다져서 양념하여 호박과 같이 볶아 새우젓으로 간하고 실고추를 고명으로 얹으시오.
2) 도라지는 0.5cm×0.5cm×6cm 정도 크기로 식용유에 볶아서 사용하시오.
3) 시금치는 손질하여 뿌리 쪽에 열십자 칼집을 넣어 사용하시오.

한식조리산업기사 4형 지급재료목록(총재료)

번호	재료명	규격	수량	비고
	**만둣국, 밀쌈, 두부선, 3가지 나물**			

번호	재료명	규격	수량	비고
1	소고기	우둔, 살코기	120g	
2	두부		150g	
3	숙주	생것	30g	
4	배추김치		40g	
5	달걀		3개	
6	미나리	줄기 부분	20g	
7	오이		1/2개	
8	당근	길이 4cm 정도	30g	
9	건표고버섯	불린 것	2개	
10	죽순		20g	
11	닭가슴살		40g	
12	잣		10g	
13	석이버섯		1g	1장
14	겨잣가루		20g	
15	애호박		1/2개	
16	통도라지		100g	
17	시금치		200g	
18	밀가루	중력분	120g	
19	새우젓		10g	
20	실고추		1g	
21	산적꼬치		1개	
22	대파	흰 부분(4cm 정도)	2토막	
23	마늘		3쪽	
24	국간장		10mL	
25	진간장		20mL	
26	흰설탕		20g	
27	소금		30g	
28	깨소금		10g	
29	참기름		30mL	
30	식초		20mL	
31	검은 후춧가루		3g	
32	식용유		40mL	

만둣국

· 밀가루 · 소고기 · 두부 · 숙주 · 배추김치 · 미나리
· 달걀 · 산적꼬치 · 국간장 · 대파 · 마늘 · 참기름 · 깨
소금 · 소금 · 검은 후춧가루 · 식용유

밀쌈

· 소고기 · 오이 · 당근 · 건표고버섯 · 달걀 · 죽순 ·
밀가루 · 식초 · 흰설탕 · 진간장 · 대파 · 마늘 · 참기름
· 깨소금 · · 소금 · 검은 후춧가루 · 식용유

두부선

· 두부 · 닭가슴살 · 건표고버섯 · 달걀 · 석이버섯 · 겨잣
가루 · 잣 · 실고추 · 식초 · 흰설탕 · 진간장 · 대파 · 마
늘 · 참기름 · 깨소금 · 소금 · 검은 후춧가루 · 식용유

3가지 나물

· 애호박 · 소고기 · 통도라지 · 시금치 · 국간장 · 새우
젓 · 실고추 · 진간장 · 대파 · 마늘 · 참기름 · 깨소금
· 소금 · 검은 후춧가루 · 식용유

만둣국

요구사항

1) 만두피는 지름 8cm 정도로 하고 소를 넣어 반으로 접어 붙이고 양쪽 끝을 서로 맞붙여 둥근 모양의 만두를 5개 만드시오.
2) 마름모꼴의 황·백지단, 미나리 초대를 고명으로 하시오.

지급 재료

· 밀가루(중력분) 60g · 소고기(우둔) 50g · 두부 50g · 숙주 30g · 배추김치 40g · 미나리(줄기 부분) 20g
· 달걀 1개 · 산적꼬치 1개 · 국간장 5mL · 대파(흰 부분 · 4cm 정도) 1토막 · 마늘(중 · 깐 것) 2쪽
· 참기름 10mL · 깨소금 5g · 소금(정제염) 5g · 검은 후춧가루 2g · 식용유 5mL

❈ 만두소 양념

· 소금 1/2작은술 · 다진 파 1작은술 · 다진 마늘 1/2작은술 · 깨소금 1작은술 · 참기름 1작은술
· 검은 후춧가루 약간

만드는 법

1. 밀가루에 소금물을 조금씩 넣어가며 섞어 반죽하여 면포나 비닐봉지에 넣어 숙성한다. (덧가루용 밀가루는 남겨둔다)

2. 소고기는 핏물을 닦아 1/3은 찬물에 대파와 마늘을 함께 넣어 끓여 면포에 거른다.

3. 소고기의 2/3는 곱게 다지고, 두부는 곱게 으깨고, 숙주는 소금물에 데쳐내어 잘게 다지고 김치도 다져서 꼭 짠다.

4. ③의 재료에 소금, 다진 파, 마늘, 후추, 깨소금, 참기름으로 양념하여 고루 섞어 소를 만든다.

5. 황 · 백지단과 미나리 초대를 준비하여 완자(마름모) 모양으로 썬다.

6. ①의 만두피 반죽을 지름 8cm로 얇게 민다.

7. 양념한 소를 만두피에 싸서 직경 4cm의 둥근 모양의 만두를 빚는다.

8. 육수에 국간장과 소금으로 간을 맞추어서 끓을 때 빚은 만두를 넣어 떠오르면 그릇에 담고 황 · 백지단과 미나리 초대를 각 2개씩 고명으로 얹는다.

밀쌈

요구사항

1) 밀쌈의 지름은 2cm 정도, 길이는 4cm 정도로 만드시오.
2) 밀쌈은 8개 제출하고 초간장을 곁들이시오.

지급 재료

· 소고기(우둔) 40g · 오이 1/2개 · 당근(길이 4cm) 30g · 건표고버섯 1장 · 달걀 1개 · 죽순 20g
· 밀가루 50g · 식초 · 흰설탕 · 진간장 · 대파 4cm · 마늘 1개 · 참기름 · 깨소금 · 소금
· 검은 후춧가루 · 식용유

▩ 소고기 · 표고버섯 양념

· 진간장 2/3큰술 · 설탕 1작은술 · 다진 파 1작은술 · 다진 마늘 1/2작은술 · 참기름 1/2작은술
· 깨소금 1/2작은술 · 검은 후춧가루 약간

▩ 밀전병

· 밀가루 1/2컵 · 물 1/2컵 · 소금 1/3작은술

▩ 초간장

· 진간장 1큰술 · 식초 1/2큰술 · 설탕 1/3작은술

만드는 법

1. 밀가루, 소금, 물을 넣어 섞어 체에 내려 밀전병 반죽을 만든다.

2. 오이는 돌려 깎아 채 썬 후 소금에 살짝 절여 수분을 제거한다.

3. 당근은 채를 썰고, 죽순은 데쳐서 채를 썬다.

4. 소고기와 표고버섯도 가늘게 채 썰어 양념을 한다.

5. 밀전병을 20cm×15cm 정도의 크기로 얇게 2장을 부친다.

6. 달걀은 황 · 백지단을 부쳐 채를 썬다.

7. 팬에 식용유를 두르고 죽순, 오이, 당근, 표고버섯, 소고기를 볶는다.
   (이때 죽순과 당근은 소금으로 간을 한다)

8. 밀전병에 준비한 재료를 놓고 직경 2cm 정도가 되도록 말아서 4cm 정
   도의 길이로 썰어 8개를 담는다.

9. 초간장을 곁들인다.

두부선

요구사항

1) 두부선의 크기는 3cm×3cm×1cm 정도로 9개를 제출하시오.

2) 고명(황·백지단, 석이버섯, 표고버섯, 실고추)은 채 썰고 잣은 비늘잣으로 사용하며, 겨자장을 곁들이시오.

지급 재료

· 두부 100g · 닭가슴살 40g · 건표고버섯(불린 것) 1장 · 달걀 1개 · 석이버섯 1g · 겨잣가루 20g
· 잣 10g · 실고추 1g · 식초 · 흰설탕 · 진간장 · 대파 4cm · 마늘 · 참기름 · 깨소금 · 소금
· 검은 후춧가루 · 식용유

⊗ 두부 · 닭고기 양념

· 소금 · 다진 파 · 다진 마늘 · 참기름 · 깨소금 · 검은 후춧가루

⊗ 고명

· 표고버섯 1장 · 석이버섯 2장 · 실고추 1g · 달걀 1개 · 잣 1작은술

⊗ 겨자장

· 발효겨자 1/2큰술 · 식초 2큰술 · 설탕 1½큰술 · 소금 1/3작은술 · 진간장 약간

만드는 법

1. 두부는 물기를 완전히 제거하여 칼을 눕혀 곱게 으깬다.

2. 닭고기는 힘줄을 제거하고 살만 곱게 다져 두부와 섞어 양념을 한다.

3. 겨자는 40℃의 물을 넣고 개어 따뜻한 곳에서 15분 정도 발효하여 매운맛이 나면 겨자장을 만든다.

4. 표고는 얇게 저며 곱게 채를 썰고, 석이버섯은 손질하여 곱게 채를 썰고, 실고추는 2cm 정도로 썰고, 잣은 비늘잣을 만든다.

5. 달걀은 황 · 백으로 나누어 지단을 부쳐서 2cm로 채를 썰고, 잣은 길이로 반 자른다.

6. 젖은 소창을 펴고 두부와 닭고기 양념한 것을 두께 1cm, 사방 10~12cm, 정도로 고루 펴서 반대기를 만들고 위에 표고버섯, 석이버섯, 황 · 백지단, 실고추, 비늘잣을 고루 얹는다.

7. 김이 오른 찜통에 넣어 젖은 소창을 덮고 10분 정도 쪄내어 한 김 식힌 후 3cm×3cm 정도의 크기로 썬다.

8. 두부선 9개를 담고 겨자장을 곁들인다.

* 두부선은 9개를 제출한다.

3가지 나물(호박/도라지/시금치)

요구사항

1) 애호박은 0.5cm 정도 두께의 반달형으로 썰어 소금에 절이고, 소고기는 다져서 양념하여 호박과 같이 볶아 새우젓으로 간하고 실고추를 고명으로 얹으시오.
2) 도라지는 0.5cm×0.5cm×6cm 정도 크기로 식용유에 볶아서 사용하시오.
3) 시금치는 손질하여 뿌리 쪽에 열십자 칼집을 넣어 사용하시오.

지급 재료

· 애호박 1/2개 · 소고기(우둔) 30g · 통도라지 100g · 시금치 200g · 국간장 · 새우젓 · 실고추 · 진간장
· 대파 · 마늘 · 참기름 · 깨소금 · 소금 · 검은 후춧가루 · 식용유

❀ 소고기 양념

· 진간장 1작은술 · 설탕 · 다진 파 · 다진 마늘 · 참기름 · 깨소금 · 검은 후춧가루

❀ 도라지 볶기

· 다진 파 · 다진 마늘 · 물 · 깨소금 · 참기름

❀ 시금치 양념

· 소금 · 국간장 · 다진 파 · 다진 마늘 · 깨소금 · 참기름

만드는 법

1. 애호박은 0.5cm 정도 두께의 반달형으로 썰어 소금에 살짝 절여 물기를 제거한다.

2. 소고기는 다져서 양념을 한다.

3. 팬에 식용유를 두르고, 소고기와 애호박을 볶다가 다진 새우젓, 다진 마늘, 다진 파, 깨소금과 참기름을 넣어 볶아서 담고 실고추를 고명으로 얹는다.

4. 도라지는 껍질을 벗겨 0.5cm×0.5cm×6cm 정도 크기로 채 썰어 소금을 넣어 주물러 헹군다.

5. 팬에 식용유를 두르고 도라지를 볶다가 다진 파, 다진 마늘을 넣어 볶다가 물을 약간 넣어 약불에서 볶아 깨소금과 참기름을 넣는다.

6. 시금치는 손질하여 뿌리 쪽에 열십자 칼집을 넣어 끓는 물에 소금을 넣어 데쳐서 헹구어 물기를 짠 다음 양념을 넣어 조물조물 무친다.

7. 접시에 3가지 나물을 담아낸다.

수험자 유의사항

※ 다음 유의사항을 고려하여 요구사항을 완성합니다.

1) 조리산업기사로서 갖추어야 할 숙련도, 재료관리, 작품의 예술성을 나타내어야 합니다.

2) 지정된 시설을 사용하고, 지급재료 및 지참공구목록 이외의 조리기구는 사용할 수 없으며, 지참공구목록에 없는 단순 조리기구(수저통 등) 지참 시 시험위원에게 확인 후 사용합니다.

3) 지급재료는 1회에 한하여 지급되며 재지급은 하지 않습니다.(단, 수험자가 시험 시작 전 지급된 재료를 검수하여 재료가 불량하거나 양이 부족하다고 판단될 경우에는 즉시 시험위원에게 통보하여 교환 또는 추가 지급을 받도록 합니다.)

4) 요구사항의 규격은 "정도"의 의미를 포함하며, 지급된 재료의 크기에 따라 가감하여 채점됩니다.

5) 위생복, 위생모, 앞치마, 마스크를 착용하여야 하며, 시험장비, 가스레인지(가스밸브 개폐기 사용), 조리도구 등을 사용할 때에는 안전사고 예방에 유의합니다.

6) 다음 사항은 실격에 해당하여 채점 대상에서 제외됩니다.

　가) 수험자 본인이 시험 도중 시험에 대한 포기 의사를 표현하는 경우

　나) 위생복, 위생모, 앞치마, 마스크를 착용하지 않은 경우

　다) 시험시간 내에 과제를 모두 제출하지 못한 경우

　라) 문제의 요구사항대로 과제의 수량이 만들어지지 않은 경우

　마) 완성품을 요구사항의 과제(요리)가 아닌 다른 요리(예, 달걀말이→달걀찜)로 만들었거나, 요구사항에 없는 과제(요리)를 추가하여 만든 경우

　바) 불을 사용하여 만든 과제가 과제특성에 벗어나는 정도로 타거나 익지 않은 경우

　사) 요구사항의 조리기구(석쇠 등)를 사용하여 완성품을 조리하지 않은 경우

　아) 수험자 지참준비물 이외 조리기술에 영향을 줄 수 있는 기구를 사용한 경우

　자) 시험 중 시설·장비(칼, 가스레인지 등) 사용 시 시험위원 및 타 수험자의 시험 진행에 위해를 일으킬 것으로 시험위원 전원이 합의하여 판단한 경우

　차) 요구사항에 표시된 실격 및 부정행위에 해당하는 경우

7) 완료된 과제는 지정한 장소에 시험시간 내에 제출하여야 합니다.

8) 가스레인지 화구는 2개까지 사용 가능합니다.

9) 과제를 제출한 다음 본인이 조리한 장소의 주변을 깨끗이 청소하고 조리기구를 정리정돈한 후 시험위원의 지시에 따라 퇴실합니다.

10) 시험시작 전 가벼운 몸 풀기(스트레칭) 동작으로 긴장을 풀고 시험을 시작합니다.

규아상, 닭찜, 월과채, 모둠전

요구사항

※ 위생과 안전에 유의하여 주어진 재료로 다음과 같이 만드시오.

가. 규아상

1) 표고버섯과 오이는 채 썰고 소고기는 다져서 사용하시오.
2) 잣은 소에 넣으시오.
3) 만두피는 지름 8cm 정도로 하여 6개를 만들고, 초간장을 곁들이시오.

나. 닭찜

1) 닭은 4~5cm 정도의 크기로 토막을 내시오.
2) 닭은 끓는 물에서 기름을 제거하여 사용하고, 토막 낸 닭은 부서지지 않게 조리하시오.
3) 황·백지단은 완자(마름모꼴) 모양으로 만들어 각 2개씩 고명으로 얹으시오.

다. 월과채

1) 애호박은 씨를 뺀 다음 눈썹모양으로 썰고, 소고기는 다지고, 표고버섯, 홍고추, 달걀지단은 0.3cm×0.3cm×5cm 정도의 크기로 채썰고 느타리버섯은 찢어서 사용하시오.
2) 찹쌀가루는 전병을 부쳐 채소와 같은 길이로 만드시오.

라. 모둠전(표고/깻잎/애호박)

1) 표고전은 표고버섯과 소를 각각 양념하여 사용하고 3개를 지져내시오.
2) 깻잎전은 소고기, 두부를 소로 사용하여 길이로 맞붙여 3개 지져내시오.
3) 애호박은 0.5cm 두께의 원형으로 썰어 5개 지져내시오.

한식조리산업기사 5형 지급재료목록(총재료)

번호	재료명	규격	수량	비고
	규아상, 닭찜, 월과채, 모둠전			
1	소고기	우둔	120g	
2	건표고버섯	불린 것	6개	
3	오이		1/3개	
4	닭		1/2마리	세로로 반을 잘라 지급
5	밤	껍질 있는 것	2개	
6	당근	길이 7cm 정도	50g	
7	달걀		3개	
8	은행	겉껍질 깐 것	3개	
9	애호박		1개	
10	두부		20g	
11	깻잎	작은 것	3장	
12	느타리버섯		30g	
13	홍고추	길이로 자른 것	1/2개	
14	찹쌀가루	방앗간에서 불려 빻은 것	100g	
15	밀가루	중력분	120g	
16	잣		10g	
17	대파	흰부분(4cm 정도)	2토막	
18	마늘		3쪽	
19	생강		20g	
20	진간장		70mL	
21	흰설탕		40g	
22	소금		30g	
23	깨소금		15g	
24	참기름		20mL	
25	식초		10mL	
26	검은 후춧가루		5g	
27	식용유		100mL	

한식조리산업기사 5형 지급재료목록(과제별)

규아상

• 밀가루 • 소고기 • 건표고버섯 • 오이 • 잣 • 대파 •
마늘 • 식초 • 진간장 • 참기름 • 식용유 • 흰설탕 • 소금
• 깨소금 • 검은 후춧가루

닭찜

• 닭 • 밤 • 당근 • 건표고버섯 • 달걀 • 은행 • 생강 •
대파 • 마늘 • 진간장 • 참기름 • 식용유 • 흰설탕 • 소금
• 깨소금 • 검은 후춧가루

출제
문제
5형

월과채

• 애호박 • 느타리버섯 • 건표고버섯 • 소고기 • 홍고
추 • 달걀 • 찹쌀가루 • 대파 • 마늘 • 진간장 • 참기름
• 식용유 • 흰설탕 • 소금 • 깨소금 • 검은 후춧가루

모둠전

• 건표고버섯 • 깻잎 • 애호박 • 소고기 • 두부 • 달걀
• 밀가루 • 대파 • 마늘 • 진간장 • 참기름 • 식용유 • 흰
설탕 • 소금 • 깨소금 • 검은 후춧가루

규아상

요구사항

1) 표고버섯과 오이는 채 썰고 소고기는 다져서 사용하시오.

2) 잣은 소에 넣으시오.

3) 만두피는 지름 8cm 정도로 하여 6개를 만들고, 초간장을 곁들이시오.

지급 재료

· 밀가루 60g · 소고기(우둔) 50g · 건표고버섯(불린 것) 1장 · 오이 1/3개 · 잣 10g · 대파 · 마늘
· 식초 · 진간장 · 참기름 · 식용유 · 흰설탕 · 소금 · 깨소금 · 검은 후춧가루

▩ 소고기 · 표고버섯 양념

· 진간장 1큰술 · 설탕 1/2큰술 · 다진 파 2작은술 · 다진 마늘 1작은술 · 참기름 1작은술 · 깨소금 1작은술
· 검은 후춧가루

▩ 초간장

· 간장 1큰술 · 식초 1/2큰술 · 설탕 1작은술

만드는 법

1. 밀가루는 체에 내려 소금물로 반죽한 후 면포나 비닐봉지에 넣어 숙성한다.
   (이때 덧가루용 밀가루는 남긴다)

2. 오이는 4cm 길이로 돌려 깎아 곱게 채를 썰고 소금에 절여 물기를 제거한다.

3. 표고버섯은 가늘게 채를 썰고, 소고기는 곱게 다져 각각 양념을 한다.

4. 팬에 식용유를 두르고 오이, 소고기, 표고버섯을 볶아 내어 식힌다.

5. 볶은 소고기, 표고, 오이, 잣을 고루 섞어 소를 만든다.

6. 만두피를 지름 8cm 두께 0.1cm로 얇게 밀어 준비한 소를 넣고 반으로 접어 해삼 모양으로 주름을 잡아가며 빚는다.

7. 김이 오른 찜기에 젖은 면포를 깔고 규아상을 넣어 7~8분 정도 찐다.

8. 규아상 6개를 담고 초간장을 곁들인다.

* 규아상은 여름철에 궁중에서 먹던 만두로, 등에 해삼모양으로 주름이 잡혔다 하여 해삼만두라고 하였다. (옛말에 해삼을 '미'라고 하여 미만두라고 하였다)

닭찜

요구사항

1) 닭은 4~5cm 정도의 크기로 토막을 내시오.

2) 닭은 끓는 물에서 기름을 제거하여 사용하고, 토막 낸 닭은 부서지지 않게 조리하시오.

3) 황 · 백지단은 완자(마름모꼴) 모양으로 만들어 각 2개씩 고명으로 얹으시오.

지급 재료

· 닭(1마리 600g을 세로로 반을 갈라) 1/2마리 · 밤(껍질 있는 것) 2개 · 당근(7cm 정도) 50g

· 건표고버섯(불린 것) 1개 · 달걀 1개 · 은행 3개 · 생강 10g · 대파 · 마늘 · 진간장 · 참기름 · 식용유

· 흰설탕 · 소금 · 깨소금 · 검은 후춧가루

❀ 양념장

· 진간장 3큰술 · 설탕 1½큰술 · 다진 파 1큰술 · 다진 마늘 1/2큰술 · 생강즙 2작은술 · 깨소금 1작은술

· 참기름 1작은술 · 검은 후춧가루 약간

만드는 법

출제
문제
5형

1. 닭은 깨끗이 손질하여 4~5cm 정도로 토막을 낸 다음 끓는 물에 데쳐서 헹군다.

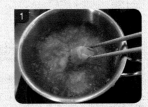

2. 대파와 마늘은 다지고, 생강은 즙을 내어 양념장을 만든다.

3. 당근은 3cm 크기로 썰어 모서리를 다듬고 불린 표고는 2~4등분을 하고, 밤은 껍질을 벗긴다.

4. 달걀은 황·백으로 지단을 부쳐 완자(마름모) 모양으로 썰고, 은행은 팬에 식용유를 두르고 소금을 약간 넣고 볶아 뜨거울 때 껍질을 벗긴다.

5. 냄비에 닭과 양념장 2/3 정도를 넣고 닭이 잠길 정도의 물을 부어 센불에서 뚜껑을 덮어서 익힌 다음 당근, 밤, 표고버섯을 넣고 남은 양념장을 넣어 천천히 끓여 닭과 채소 맛이 잘 어우러지도록 찜을 한다.

6. 국물이 거의 없어지면 은행을 넣고 한소끔 끓인 후 그릇에 담고 황·백지단을 각 2개씩 고명으로 얹는다.

월과채

요구사항

1) 애호박은 씨를 뺀 다음 눈썹모양으로 썰고, 소고기는 다지고, 표고버섯, 홍고추, 달걀지단은 0.3cm×0.3cm×5cm 정도 의 크기로 채썰고 느타리버섯은 찢어서 사용하시오.
2) 찹쌀가루는 전병을 부쳐 채소와 같은 길이로 만드시오.

지급 재료

· 애호박 1/2개 · 느타리버섯 30g · 건표고버섯 2장 · 소고기(우둔) 30g · 홍고추 1/2개 · 달걀
· 찹쌀가루(불려 빻은 것) 100g · 대파 · 마늘 · 진간장 · 참기름 · 식용유 · 흰설탕 · 소금 · 깨소금
· 검은 후춧가루

❸ 소고기 · 표고버섯 양념

· 진간장 2작은술 · 설탕 1작은술 · 다진 파 · 다진 마늘 · 깨소금 · 참기름 · 검은 후춧가루

❸ 느타리버섯 양념

· 소금 · 참기름

만드는 법

1. 애호박은 길이로 반 잘라 씨를 뺀 다음, 0.3cm 두께의 눈썹모양으로 썰어 소금에 절여 물기를 제거한다.

2. 느타리버섯은 끓는 소금물에 데친 다음 길이로 찢어 물기를 꼭 짜고 참기름과 소금으로 양념한다.

3. 홍고추는 반 갈라 씨를 빼고 0.3cm×0.3cm×5cm 크기로 채 썬다.

4. 소고기는 다지고, 표고버섯은 0.3cm×0.3cm×5cm 크기로 썰어 각각 양념을 한다.

5. 찹쌀가루는 소금 간을 해서 되직하게 익반죽하여, 달군 팬에 식용유를 두르고, 0.3cm 정도의 두께로 지져내어 식으면 0.3cm×5cm 크기로 썬다.

6. 달걀은 황 · 백 지단을 부쳐 0.3cm×0.3cm×5cm 정도의 크기로 썬다.

7. 팬에 식용유를 두르고 애호박, 홍고추, 느타리버섯, 소고기, 표고버섯을 각각 볶아낸다.

8. 준비한 재료에 깨소금과 참기름을 넣어 고루 섞어 담아낸다.

모둠전

요구사항

1) 표고전은 표고버섯과 소를 각각 양념하여 사용하고 3개를 지져내시오.

2) 깻잎전은 소고기, 두부를 소로 사용하여 길이로 맞붙여 3개 지져내시오.

3) 애호박은 0.5cm 두께의 원형으로 썰어 5개 지져내시오.

지급 재료

· 건표고버섯 3개 · 깻잎 · 애호박 1/3개 · 소고기(우둔) 40g · 두부 20g · 달걀 · 밀가루 · 대파 · 마늘
· 진간장 · 참기름 · 식용유 · 흰설탕 · 소금 · 깨소금 · 검은 후춧가루

❀ 표고버섯 양념

· 진간장 1/2작은술 · 참기름 1/2작은술 · 설탕 약간

❀ 소고기 · 두부 양념

· 소금 · 다진 파 · 다진 마늘 · 깨소금 · 참기름 · 검은 후춧가루

만드는 법

1. 애호박은 0.5cm 두께의 원형으로 썰어 소금에 살짝 절여 물기를 제거한다.
   깻잎은 씻어 준비한다.
   불린 표고버섯은 기둥을 떼고 물기를 짜서 참기름, 간장, 설탕을 넣어 양념을 한다.

2. 소고기는 핏물과 기름을 제거하여 곱게 다지고, 두부는 물기를 꼭 짠 다음 으깨어 소고기와 같이 섞어 양념하여 끈기가 생기도록 오래 치댄다.

3. 깻잎 안쪽에 밀가루를 뿌리고 소를 넣어 반으로 접는다.

4. 표고버섯 안쪽에 밀가루를 뿌리고 소를 편편하게 채워 넣는다.

5. 애호박은 밀가루와 달걀물을 묻혀 약불로 전을 지져낸다.

6. 깻잎은 밀가루와 달걀물을 묻혀 약불로 전을 지져낸다.

7. 표고는 소가 들어간 쪽만 밀가루를 묻힌 후 달걀을 입혀 약불로 지져낸다.

8. 표고전, 깻잎전은 3개, 애호박전은 5개를 담아낸다.

수험자 유의사항

※ 다음 유의사항을 고려하여 요구사항을 완성합니다.

1) 조리산업기사로서 갖추어야 할 숙련도, 재료관리, 작품의 예술성을 나타내어야 합니다.

2) 지정된 시설을 사용하고, 지급재료 및 지참공구목록 이외의 조리기구는 사용할 수 없으며, 지참공구목록에 없는 단순 조리기구(수저통 등) 지참 시 시험위원에게 확인 후 사용합니다.

3) 지급재료는 1회에 한하여 지급되며 재지급은 하지 않습니다.(단, 수험자가 시험 시작 전 지급된 재료를 검수하여 재료가 불량하거나 양이 부족하다고 판단될 경우에는 즉시 시험위원에게 통보하여 교환 또는 추가 지급을 받도록 합니다.)

4) 요구사항의 규격은 "정도"의 의미를 포함하며, 지급된 재료의 크기에 따라 가감하여 채점됩니다.

5) 위생복, 위생모, 앞치마, 마스크를 착용하여야 하며, 시험장비, 가스레인지(가스밸브 개폐기 사용), 조리도구 등을 사용할 때에는 안전사고 예방에 유의합니다.

6) 다음 사항은 실격에 해당하여 채점 대상에서 제외됩니다.

  가) 수험자 본인이 시험 도중 시험에 대한 포기 의사를 표현하는 경우

  나) 위생복, 위생모, 앞치마, 마스크를 착용하지 않은 경우

  다) 시험시간 내에 과제를 모두 제출하지 못한 경우

  라) 문제의 요구사항대로 과제의 수량이 만들어지지 않은 경우

  마) 완성품을 요구사항의 과제(요리)가 아닌 다른 요리(예, 달걀말이→달걀찜)로 만들었거나, 요구사항에 없는 과제(요리)를 추가하여 만든 경우

  바) 불을 사용하여 만든 과제가 과제특성에 벗어나는 정도로 타거나 익지 않은 경우

  사) 요구사항의 조리기구(석쇠 등)를 사용하여 완성품을 조리하지 않은 경우

  아) 수험자 지참준비물 이외 조리기술에 영향을 줄 수 있는 기구를 사용한 경우

  자) 시험 중 시설·장비(칼, 가스레인지 등) 사용 시 시험위원 및 타 수험자의 시험 진행에 위해를 일으킬 것으로 시험위원 전원이 합의하여 판단한 경우

  차) 요구사항에 표시된 실격 및 부정행위에 해당하는 경우

7) 완료된 과제는 지정한 장소에 시험시간 내에 제출하여야 합니다.

8) 가스레인지 화구는 2개까지 사용 가능합니다.

9) 과제를 제출한 다음 본인이 조리한 장소의 주변을 깨끗이 청소하고 조리기구를 정리정돈한 후 시험위원의 지시에 따라 퇴실합니다.

10) 시험시작 전 가벼운 몸 풀기(스트레칭) 동작으로 긴장을 풀고 시험을 시작합니다.

어만두, 소고기편채, 오징어볶음, 튀김(고구마, 새우)

요구사항

※ 위생과 안전에 유의하여 주어진 재료로 다음과 같이 만드시오.

가. 어만두

1) 생선살은 폭과 길이가 7cm 정도가 되도록 하시오.
2) 소고기는 곱게 다지고 표고버섯, 목이버섯, 오이는 채를 썰어 사용하시오.
3) 숙주는 데쳐서 사용하시오.
4) 어만두는 5개를 제출하시오.

나. 소고기편채

1) 소고기는 두께 0.2 cm, 가로 9cm, 세로 8cm 정도로 얇게 썰고, 찹쌀가루를 사용하시오.
2) 깻잎, 양파, 파프리카는 길이 3~4cm 정도, 두께 0.2 cm 정도로 채 썰고 무순도 같은 길이로 써시오.
3) 소고기편채는 4개 만들고 겨자장을 곁들이시오.

다. 오징어볶음

1) 오징어는 0.3cm 폭으로 어슷하게 칼집을 넣어 5cm×2cm 정도의 크기로 써시오.
   (단, 오징어 다리는 4cm 길이로 자른다)
2) 고추, 파는 어슷썰기, 양파는 폭 1cm 정도로 썰어 사용하시오.

라. 튀김(고구마/새우)

1) 고구마는 0.3cm 두께 원형으로 잘라 전분기를 제거하여 사용하시오.
2) 새우는 내장을 제거하고 구부러지지 않게 튀기시오.
3) 밀가루와 달걀을 섞어 반죽을 만들고, 튀김은 각 3개씩 제출하시오.
4) 초간장에 잣가루를 뿌려 곁들여 내시오.

한식조리산업기사 6형 지급재료목록(총재료)

번호	재료명	규격	수량	비고
	어만두, 소고기편채, 오징어볶음, 튀김(고구마/새우)			
1	대구살	8×8cm 이상 껍질 있는 것	200g	
2	건표고버섯	불린 것	1개	
3	목이버섯		1장	
4	오이		1/3개	
5	숙주	생것	30g	
6	소고기	우둔, 살코기	180g	
7	전분	감자전분	30g	
8	무순		20	
9	깻잎		2장	
10	붉은 파프리카		1/6개	
11	찹쌀가루	방앗간에서 불려 빻은 것	150g	
12	겨잣가루		15g	
13	물오징어	250g 정도	1마리	
14	풋고추	길이 5cm 이상	1개	
15	홍고추		1개	
16	양파		1/2개	
17	고구마		100g	원형을 살려 등분할 것
18	새우	30~40g, 껍질 있는 것	3마리	
19	밀가루	박력분	100g	
20	달걀		1개	
21	잣		5g	
22	대파	흰 부분(4cm 정도)	1토막	
23	마늘		2쪽	
24	생강		20g	
25	진간장		20mL	
26	흰설탕		30g	
27	소금		30g	
28	깨소금		10g	
29	참기름		10mL	
30	고춧가루		15g	
31	고추장		50g	
32	식초		20mL	
33	검은 후춧가루		3g	
34	흰 후춧가루		1g	
35	식용유		600mL	

어만두

· 대구살 · 건표고버섯 · 목이버섯 · 오이 · 숙주 · 소고기 · 전분 · 대파 · 마늘 · 생강 · 흰설탕 · 깨소금 · 참기름 · 흰 후춧가루 · 소금 · 식용유

소고기편채

· 소고기 · 무순 · 깻잎 · 양파 · 붉은 파프리카 · 찹쌀가루 · 겨잣가루 · 흰설탕 · 소금 · 식초 · 진간장 · 검은 후춧가루 · 식용유

오징어볶음

· 물오징어 · 풋고추 · 홍고추 · 양파 · 대파 · 마늘 · 생강 · 소금 · 진간장 · 흰설탕 · 참기름 · 깨소금 · 고춧가루 · 고추장 · 검은 후춧가루 · 식용유

튀김(고구마/새우)

· 고구마 · 새우 · 밀가루 · 달걀 · 잣 · 진간장 · 흰설탕 · 식초 · 식용유

어만두

요구사항

1) 생선살은 폭과 길이가 7cm 정도가 되도록 하시오.

2) 소고기는 곱게 다지고 표고버섯, 목이버섯, 오이는 채를 썰어 사용하시오.

3) 숙주는 데쳐서 사용하시오.

4) 어만두는 5개를 제출하시오.

지급 재료

· 대구살(8×8cm 이상 · 껍질 있는 것) 200g · 건표고버섯(불린 것) 1개 · 목이버섯 1장 · 오이 1/3개
· 숙주 30g · 소고기 50g · 감자전분 30g · 대파 · 마늘 · 생강 · 흰설탕 · 깨소금 · 참기름 · 흰 후춧가루
· 소금 · 식용유

❀ 대구살 밑간

· 소금 · 흰 후춧가루 · 생강즙

❀ 소고기 · 표고버섯 · 목이버섯 양념

· 진간장 1큰술 · 설탕 1/2큰술 · 다진 파 · 다진 마늘 · 참기름 · 깨소금 · 흰 후춧가루 약간

❀ 만두소 양념

· 소금 · 설탕 · 다진 파 · 다진 마늘 · 참기름 · 깨소금 · 흰 후춧가루

만드는 법

1. 대구살은 폭과 길이가 7cm 정도가 되도록 얇게 포를 떠서 소금, 흰 후 춧가루, 생강즙을 뿌려둔다.

2. 대파와 마늘은 곱게 다져서 소고기, 표고버섯, 목이버섯 양념과 만두소 양념을 만든다.

3. 오이는 돌려 깎아 채를 썰어 소금에 절였다가 물기를 제거하고, 숙주는 거두절미하여 데쳐 물기를 제거하여 송송 썬다.

4. 소고기는 곱게 다지고 표고와 목이버섯은 불린 후 가늘게 채 썰어 양념 을 한다.

5. 팬에 식용유를 두르고 오이, 표고버섯, 목이버섯, 소고기 순으로 볶아 낸다.

6. 준비한 재료를 섞어 만두소 양념을 한다.

7. 생선살 위에 전분을 뿌린 후 소를 넣고 말아서 표면에 전분을 묻혀 수 분이 흡수되도록 두었다가 찜통에 젖은 면포를 깔고 넣어서 10분 정도 투명하게 쪄내어 5개를 담는다.

소고기편채

요구사항

1) 소고기는 두께 0.2cm, 가로 9cm, 세로 8cm 정도로 얇게 썰고, 찹쌀가루를 사용하시오.
2) 깻잎, 양파, 파프리카는 길이 3~4cm 정도, 두께 0.2cm 정도로 채 썰고 무순도 같은 길이로 써시오.
3) 소고기편채는 4개 만들고 겨자장을 곁들이시오.

지급 재료

· 소고기(우둔) 130g · 무순 20g · 깻잎 2장 · 양파 1/6개 · 붉은 파프리카 1/6개
· 찹쌀가루(방앗간에서 불려 빻은 것) 150g · 겨잣가루 15g · 흰설탕 · 소금 · 식초
· 진간장 · 검은 후춧가루 · 식용유

⊞ 소고기 밑간

· 소금 · 후춧가루 약간

⊞ 겨자장

· 발효겨자 1/2큰술 · 식초 2큰술 · 설탕 1½큰술 · 소금 1/3작은술 · 진간장 약간

만드는 법

1. 소고기는 두께 0.2cm, 가로 9cm, 세로 8cm 정도로 얇게 썰어 밑간을 한다.

2. 깻잎, 양파, 파프리카는 길이 3~4cm 정도, 두께 0.2cm 정도로 채 썰고 무순도 같은 길이로 썬다.

3. 찹쌀가루는 체에 내려서 소고기에 고루 묻혀 고기에 찹쌀가루가 흡수될 때까지 둔다.

4. 겨자는 40℃의 물을 넣고 개어 따뜻한 곳에서 15분 정도 발효하여 매운맛이 나면 겨자장을 만든다.

5. 달군 팬에 식용유를 두르고 소고기를 찹쌀가루가 벗겨지지 않게 약불에서 지진다.

6. 지져낸 고기에 준비한 재료를 놓고 고깔모양으로 말아준다.

7. 소고기편채 4개를 담고, 겨자장을 곁들인다.

오징어볶음

요구사항

1) 오징어는 0.3cm 폭으로 어슷하게 칼집을 넣어 5cm×2cm 정도의 크기로 써시오.
    (단, 오징어 다리는 4cm 길이로 자른다)
2) 고추, 파는 어슷썰기, 양파는 폭 1cm 정도로 썰어 사용하시오.

지급 재료

· 물오징어(250g 정도) 1마리 · 풋고추 1개 · 홍고추(생) 1개 · 양파 50g · 대파(흰 부분 · 4cm 정도) 1토막
· 마늘 2쪽 · 생강 5g · 소금 · 진간장 · 흰설탕 · 참기름 · 깨소금 · 고춧가루 15g · 고추장 50g
· 검은 후춧가루 · 식용유

❀ 양념장

· 고추장 2큰술 · 고춧가루 1큰술 · 설탕 1큰술 · 다진 마늘 · 다진 생강 · 깨소금 1작은술
· 참기름 1작은술 · 진간장 1/3작은술 · 검은 후춧가루 · 물 약간

만드는 법

1. 오징어는 먹물이 터지지 않게 내장을 제거한 뒤 깨끗이 손질하여 껍질을 벗긴다.

2. 오징어 내장이 있던 쪽에 0.3cm 간격으로 어슷하게 칼집을 넣어 가로 4cm, 세로 1.5cm 정도 크기로 자르고, 다리는 길이 4cm로 자른다.

3. 풋고추, 홍고추는 통 어슷썰기 하여 씨를 빼고 대파도 어슷하게 썬다. 양파는 1cm 폭으로 썬다.

4. 양념장을 만든다.

5. 달군 팬에 식용유를 두르고 양파, 오징어 순으로 볶다가 약불에서 양념장을 넣어 고루 버무린다. 고추와 대파를 넣어 살짝 볶은 다음 참기름으로 마무리한다.

튀김(고구마/새우)

요구사항

1) 고구마는 0.3cm 두께 원형으로 잘라 전분기를 제거하여 사용하시오.

2) 새우는 내장을 제거하고 구부러지지 않게 튀기시오.

3) 밀가루와 달걀을 섞어 반죽을 만들고, 튀김은 각 3개씩 제출하시오.

4) 초간장에 잣가루를 뿌려 곁들여 내시오.

지급 재료

· 고구마(원형을 살려 등분할 것) 100g · 새우(30~40g · 껍질 있는 것) 3마리 · 밀가루(박력분) 100g
· 달걀 1개 · 잣 5g · 진간장 · 흰설탕 · 식초 · 식용유 500mL

⊛ 튀김반죽

· 물 1/2컵 · 달걀노른자 1개 · 밀가루(박력분) 1/2컵

⊛ 초간장

· 진간장 1큰술 · 식초 1/2큰술 · 설탕 1/3작은술 · 잣가루

만드는 법

1. 고구마는 0.3cm 두께 원형으로 잘라 찬물에 담가 전분을 제거한다.

2. 새우는 내장을 제거하고 꼬리를 남기고 안쪽에 칼집을 넣어 굽어지지 않게 손질한다.(물주머니는 제거한다.)

3. 물에 달걀노른자를 풀어서 체에 내린 박력분을 넣어 가볍게 섞어 튀김 반죽을 만든다.

4. 고구마와 새우에 밀가루를 묻혀 털어내고 튀김 반죽을 입힌다. (새우의 꼬리지느러미에는 가루를 묻히지 않는다.)

5. 160~170℃의 기름에 바삭하게 튀겨 기름기를 제거한다.

6. 잣가루를 보슬하게 만든다.

7. 접시에 튀김을 각 3개씩 담고 초간장에 잣가루를 뿌려 곁들여 낸다.

출제
문제
6형

수험자 유의사항

※ 다음 유의사항을 고려하여 요구사항을 완성합니다.

1) 조리산업기사로서 갖추어야 할 숙련도, 재료관리, 작품의 예술성을 나타내어야 합니다.

2) 지정된 시설을 사용하고, 지급재료 및 지참공구목록 이외의 조리기구는 사용할 수 없으며, 지참공구목록에 없는 단순 조리기구(수저통 등) 지참 시 시험위원에게 확인 후 사용합니다.

3) 지급재료는 1회에 한하여 지급되며 재지급은 하지 않습니다.(단, 수험자가 시험 시작 전 지급된 재료를 검수하여 재료가 불량하거나 양이 부족하다고 판단될 경우에는 즉시 시험위원에게 통보하여 교환 또는 추가 지급을 받도록 합니다.)

4) 요구사항의 규격은 "정도"의 의미를 포함하며, 지급된 재료의 크기에 따라 가감하여 채점됩니다.

5) 위생복, 위생모, 앞치마, 마스크를 착용하여야 하며, 시험장비, 가스레인지(가스밸브 개폐기 사용), 조리도구 등을 사용할 때에는 안전사고 예방에 유의합니다.

6) 다음 사항은 실격에 해당하여 채점 대상에서 제외됩니다.

    가) 수험자 본인이 시험 도중 시험에 대한 포기 의사를 표현하는 경우

    나) 위생복, 위생모, 앞치마, 마스크를 착용하지 않은 경우

    다) 시험시간 내에 과제를 모두 제출하지 못한 경우

    라) 문제의 요구사항대로 과제의 수량이 만들어지지 않은 경우

    마) 완성품을 요구사항의 과제(요리)가 아닌 다른 요리(예, 달걀말이→달걀찜)로 만들었거나, 요구사항에 없는 과제(요리)를 추가하여 만든 경우

    바) 불을 사용하여 만든 과제가 과제특성에 벗어나는 정도로 타거나 익지 않은 경우

    사) 요구사항의 조리기구(석쇠 등)를 사용하여 완성품을 조리하지 않은 경우

    아) 수험자 지참준비물 이외 조리기술에 영향을 줄 수 있는 기구를 사용한 경우

    자) 시험 중 시설·장비(칼, 가스레인지 등) 사용 시 시험위원 및 타 수험자의 시험 진행에 위해를 일으킬 것으로 시험위원 전원이 합의하여 판단한 경우

    차) 요구사항에 표시된 실격 및 부정행위에 해당하는 경우

7) 완료된 과제는 지정한 장소에 시험시간 내에 제출하여야 합니다.

8) 가스레인지 화구는 2개까지 사용 가능합니다.

9) 과제를 제출한 다음 본인이 조리한 장소의 주변을 깨끗이 청소하고 조리기구를 정리정돈한 후 시험위원의 지시에 따라 퇴실합니다.

10) 시험시작 전 가벼운 몸 풀기(스트레칭) 동작으로 긴장을 풀고 시험을 시작합니다.

어선, 소고기전골, 보쌈김치, 섭산삼

요구사항

※ 위생과 안전에 유의하여 주어진 재료로 다음과 같이 만드시오.

가. 어선

1) 생선살은 어슷하게 포를 떠서 사용하시오.
2) 돌려 깎은 오이, 당근, 표고버섯은 채 썰어 볶아 사용하고, 달걀은 황·백지단채로 사용하시오.
3) 속재료가 중앙에 위치하도록 하여 지름은 3cm 정도, 두께는 2cm 정도로 6개를 만드시오.
4) 초간장을 곁들이시오.

나. 소고기전골

1) 소고기는 육수와 전골용으로 나누어 사용하시오.
2) 전골용 소고기는 0.5cm×0.5cm×5cm 정도 크기로 썰어 양념하여 사용하시오.
3) 양파는 0.5cm 정도 폭으로, 실파는 5cm 정도 길이로, 나머지 채소는 0.5cm×0.5cm×5cm 정도 크기로 채썰고, 숙주는 거두절미하여 데쳐서 양념하시오.
4) 모든 재료를 돌려 담아 소고기를 중앙에 놓고 육수를 부어 끓인 후 달걀을 올려 반숙이 되게 끓여 잣을 얹어내시오.

다. 보쌈김치

1) 김치 속재료는 3cm 정도로 하고, 무·배추는 나박썰기, 배·밤은 편썰기 하시오.
2) 그릇 바닥을 배추로 덮은 후 내용물을 담아, 내용물이 보이도록 제출하시오.
3) 보쌈김치에 국물을 만들어 부으시오.
4) 석이버섯, 대추, 잣은 고명으로 얹으시오.

라. 섭산삼

1) 더덕은 끊어지지 않게 잘 펴시오.
2) 찹쌀가루를 골고루 묻혀 바삭하게 튀겨 전량 제출하시오.

한식조리산업기사 7형 지급재료목록(총재료)

어선, 소고기전골, 보쌈김치, 섭산삼

번호	재료명	규격	수량	비고
1	동태	500~800g 정도	1마리	
2	달걀		2개	
3	건표고버섯	불린 것	5개	
4	오이		1/3개	
5	전분	감자전분	30g	
6	소고기	우둔, 살코기	70g	
7	소고기	사태	30g	
8	숙주	생것	50g	
9	당근		1개	
10	절인 배추		1/6포기	500g 정도 지급
11	무	길이 5cm 이상	100g	
12	밤	껍질 깐 것	1개	
13	배	중	1/8개	30g 정도 지급
14	미나리	줄기 부분	30g	
15	갓		20g	적겨자 대체가능
16	건대추		1개	
17	석이버섯		1g	1장
18	잣		15g	
19	생굴	껍질 벗긴 것	20g	
20	낙지다리	다리 1개 정도	50g	해동 지급
21	통더덕	중	4개	
22	찹쌀가루	방앗간에서 불려 빻은 것	50g	
23	새우젓		20g	
24	양파		1/4개	
25	실파		50g	3뿌리
26	대파	흰 부분 4cm 정도	1토막	
27	마늘		3쪽	
28	생강		20g	
29	진간장		20mL	
30	흰설탕		20g	
31	소금		30g	
32	깨소금		5g	
33	참기름		10mL	
34	식초		10mL	
35	고춧가루		20g	
36	검은 후춧가루		3g	
37	흰 후춧가루		1g	
38	식용유		500mL	

어선

· 동태 · 오이 · 당근 · 건표고버섯 · 달걀 · 전분 · 소
금 · 흰 후춧가루 · 생강 · 진간장 · 흰설탕 · 참기름 ·
식초 · 식용유

소고기전골

· 소고기(우둔) · 소고기(사태) · 건표고버섯 · 숙주 · 무
· 당근 · 양파 · 실파 · 달걀 · 잣 · 대파 · 마늘 · 진간장
· 흰설탕 · 깨소금 · 참기름 · 소금 · 검은 후춧가루

보쌈김치

· 절인 배추 · 무 · 밤 · 배 · 실파 · 갓 · 미나리 · 건대
추 · 석이버섯 · 마늘 · 잣 · 생굴 · 낙지다리 · 고춧가
루 · 소금 · 생강 · 새우젓

섭산삼

· 더덕 · 찹쌀가루 · 소금 · 식용유

어선

요구사항

1) 생선살은 어슷하게 포를 떠서 사용하시오.
2) 돌려 깎은 오이, 당근, 표고버섯은 채 썰어 볶아 사용하고, 달걀은 황·백지단채로 사용하시오.
3) 속재료가 중앙에 위치하도록 하여 지름은 3cm 정도, 두께는 2cm 정도로 6개를 만드시오.
4) 초간장을 곁들이시오.

지급 재료

· 동태(500g~800g) 1마리 · 오이 1/3개 · 당근 50g · 건표고버섯(불린 것) 2개 · 달걀 1개 · 감자전분
· 생강 10g · 소금 · 흰 후춧가루 · 생강 · 진간장 · 흰설탕 · 참기름 · 식초 · 식용유

❀ 생선양념

· 소금 · 생강즙 · 흰 후춧가루

❀ 표고버섯 양념

· 진간장 1작은술 · 설탕 1/2작은술 · 참기름 1/2작은술

❀ 초간장

· 진간장 1큰술 · 식초 1/2큰술 · 설탕 1/3작은술

만드는 법

1. 생선은 세장 뜨기를 하여 껍질을 벗기고 어슷하게 포를 떠서 소금, 생
   강즙, 흰 후춧가루를 뿌린다.

2. 오이는 돌려 깎아 채를 썰어 소금에 절여 물기를 제거하고 살짝 볶아서
   식힌다.
   당근도 채를 썰어 볶아서 식힌다.

3. 표고버섯은 물기를 제거하여 곱게 채를 썰어 양념하여 볶아 식힌다.

4. 달걀은 황 · 백으로 분리하여 지단을 매끈하게 부쳐 균일하고 곱게 채
   를 썬다.

5. 김발 위에 젖은 면포를 깔고 물기를 제거한 생선살을 속재료를 말 수
   있는 크기로 펴고 생선살 위에 녹말가루를 고루 뿌린다. (생선살을 펼
   때 겹쳐진 부분에 전분을 묻혀 밀착시킨다)

6. 생선살 위에 오이, 표고버섯, 황 · 백지단, 당근을 올리고 지름 3cm 정
   도로 말아 양옆을 여민 후 찌기 전에 물을 고루 뿌려 녹말가루가 잘 익
   도록 처리한다.

7. 찜기에 김이 오르면 중불에서 김발 채로 속재료의 색이 선명하면서 생
   선과 녹말가루가 잘 익도록 10분 정도 쪄낸다. 면포를 펼쳐서 식힌다.

8. 어선이 어느 정도 식은 후 두께 2cm로 고르게 자르고 6개를 담고 초간
   장을 곁들인다.

소고기전골

요구사항

1) 소고기는 육수와 전골용으로 나누어 사용하시오.

2) 전골용 소고기는 0.5cm×0.5cm×5cm 정도 크기로 썰어 양념하여 사용하시오.

3) 양파는 0.5cm 정도 폭으로, 실파는 5cm 정도 길이로, 나머지 채소는 0.5cm×0.5cm×5cm 정도 크기로 채썰고, 숙주는 거두절미하여 데쳐서 양념하시오.

4) 모든 재료를 돌려 담아 소고기를 중앙에 놓고 육수를 부어 끓인 후 달걀을 올려 반숙이 되게 끓여 잣을 얹어내시오.

지급 재료

· 소고기(우둔) 70g · 소고기(사태) 30g · 건표고버섯(불린 것) 3장 · 숙주(생것) 50g
· 무(길이 5cm 정도) 50g · 당근(길이 5cm 정도) 40g · 양파 1/4개 · 실파 40g(2뿌리)
· 달걀 1개 · 잣 10알 · 대파(흰 부분 · 4cm 정도) 1토막 · 마늘 2쪽 · 진간장 · 흰설탕
· 깨소금 · 참기름 · 소금 · 검은 후춧가루

❈ 소고기 · 표고버섯 양념

· 진간장 1큰술 · 설탕 1작은술 · 다진 마늘 1작은술 · 다진 파 2작은술 · 깨소금 1작은술
· 참기름 1작은술 · 검은 후춧가루 약간

❈ 숙주 양념

· 소금 · 참기름

만드는 법

1. 소고기(사태)는 핏물을 제거하고 물, 대파, 마늘편을 넣고 육수를 맑게
   끓여 소창에 걸러서 진간장과 소금으로 간을 한다.

2. 무와 당근은 0.5cm×0.5cm×5cm정도 크기로 채를 썰고, 양파도
   0.5cm 폭으로, 실파는 5cm정도 길이로 썬다.

3. 숙주는 거두절미하여 끓는 물에 살짝 데쳐 헹구어 소금과 참기름으로
   무친다.

4. 소고기(살코기)는 0.5cm×0.5cm×5cm정도 크기로 썰고, 표고버섯은
   불려 0.5cm 정도로 채를 썰어 양념을 한다.

5. 잣은 고깔을 떼고 깨끗이 닦는다.

6. 전골냄비에 모든 재료를 보기 좋게 돌려 담고 소고기를 중앙에 놓는다.

7. 육수를 붓고 간을 맞추어 끓이면서 달걀을 넣어 반숙으로 익으면 잣을
   얹는다.

보쌈김치

요구사항

1) 김치 속재료는 3cm 정도로 하고, 무 · 배추는 나박썰기, 배 · 밤은 편썰기 하시오.
2) 그릇 바닥을 배추로 덮은 후 내용물을 담아, 내용물이 보이도록 제출하시오.
3) 보쌈김치에 국물을 만들어 부으시오.
4) 석이버섯, 대추, 잣은 고명으로 얹으시오.

지급 재료

· 절인 배추 1/6포기(500g 정도) · 무(길이 3cm 이상) 50g · 밤(껍질 깐 것) 1개 · 배 1/8개 · 실파 1뿌리
· 갓 20g · 미나리 30g · 건대추 1개 · 석이버섯 5g · 마늘 2쪽 · 잣 5개 · 생굴(껍질 벗긴 것) 20g
· 낙지다리(다리 1개 정도) 50g · 고춧가루 20g · 소금 5g · 생강 5g · 새우젓 20g

⊛ 김치 양념

· 고춧가루 2큰술 · 마늘채 · 생강채 · 소금 · 새우젓

만드는 법

1. 무를 3cm×3cm×0.3cm 크기로 썰어 소금에 살짝 절인다.

2. 배추는 줄기부분은 3cm×3cm 크기로 썰고 잎부분은 보쌈용으로 준비하여 소금에 절인다.

3. 미나리, 실파, 갓은 3cm 길이로 자르고 마늘, 생강은 곱게 채를 썬다.

4. 배는 3cm×3cm×0.3cm 크기로 썰고 밤은 모양대로 0.2cm 두께로 편으로 썬다.

5. 석이는 비벼 씻고 안쪽의 이끼를 제거하고 대추는 씨를 빼서 각각 곱게 채를 썰고 잣은 고깔을 뗀다.

6. 굴은 껍질을 제거한 뒤 소금물에 씻어서 물기를 빼고, 낙지다리는 주물러 씻어 3cm 정도로 썰고, 새우젓은 다진다.

7. 김치 양념을 만든다.

8. 물기를 제거한 무와 배추에 김치 양념을 넣어 버무린 후 고명을 제외한 나머지 재료들을 섞어 버무리다가 굴과 낙지를 넣고 살짝 버무린다.

9. 그릇에 배추잎을 깔고 김치를 담아 배춧잎의 끝을 바깥쪽으로 모양 있게 접어 넣는다.

10. 양념 그릇에 물을 넣고 새우젓국이나 소금으로 간을 맞춘 후 김치 위에 붓고 대추채, 석이채, 잣을 고명으로 얹는다.

섭산삼

요구사항

1) 더덕은 끊어지지 않게 잘 펴시오.

2) 찹쌀가루를 골고루 묻혀 바삭하게 튀겨 전량 제출하시오.

지급 재료

· 더덕(중) 4개 · 찹쌀가루(방앗간에서 불려 빻은 것) 50g · 소금 · 식용유 400mL

만드는 법

1. 더덕은 돌려가며 껍질을 벗겨서 길이로 반을 가른다.

2. 소금물에 잠시 담가 쓴맛을 우려낸다.

3. 더덕의 물기를 제거하고 방망이로 자근자근 두드리거나 밀대로 밀어서 편다.

4. 찹쌀가루를 체에 내려 더덕에 눌러가며 고루 묻혀 150~160℃ 정도의 온도에서 희고 바삭하게 튀겨 기름을 빼서 담는다.

수험자 유의사항

※ 다음 유의사항을 고려하여 요구사항을 완성합니다.

1) 조리산업기사로서 갖추어야 할 숙련도, 재료관리, 작품의 예술성을 나타내어야 합니다.

2) 지정된 시설을 사용하고, 지급재료 및 지참공구목록 이외의 조리기구는 사용할 수 없으며, 지참공구목록에 없는 단순 조리기구(수저통 등) 지참 시 시험위원에게 확인 후 사용합니다.

3) 지급재료는 1회에 한하여 지급되며 재지급은 하지 않습니다.(단, 수험자가 시험 시작 전 지급된 재료를 검수하여 재료가 불량하거나 양이 부족하다고 판단될 경우에는 즉시 시험위원에게 통보하여 교환 또는 추가 지급을 받도록 합니다.)

4) 요구사항의 규격은 "정도"의 의미를 포함하며, 지급된 재료의 크기에 따라 가감하여 채점됩니다.

5) 위생복, 위생모, 앞치마, 마스크를 착용하여야 하며, 시험장비, 가스레인지(가스밸브 개폐기 사용), 조리도구 등을 사용할 때에는 안전사고 예방에 유의합니다.

6) 다음 사항은 실격에 해당하여 채점 대상에서 제외됩니다.

　가) 수험자 본인이 시험 도중 시험에 대한 포기 의사를 표현하는 경우

　나) 위생복, 위생모, 앞치마, 마스크를 착용하지 않은 경우

　다) 시험시간 내에 과제를 모두 제출하지 못한 경우

　라) 문제의 요구사항대로 과제의 수량이 만들어지지 않은 경우

　마) 완성품을 요구사항의 과제(요리)가 아닌 다른 요리(예, 달걀말이→달걀찜)로 만들었거나, 요구사항에 없는 과제(요리)를 추가하여 만든 경우

　바) 불을 사용하여 만든 과제가 과제특성에 벗어나는 정도로 타거나 익지 않은 경우

　사) 요구사항의 조리기구(석쇠 등)를 사용하여 완성품을 조리하지 않은 경우

　아) 수험자 지참준비물 이외 조리기술에 영향을 줄 수 있는 기구를 사용한 경우

　자) 시험 중 시설·장비(칼, 가스레인지 등) 사용 시 시험위원 및 타 수험자의 시험 진행에 위해를 일으킬 것으로 시험위원 전원이 합의하여 판단한 경우

　차) 요구사항에 표시된 실격 및 부정행위에 해당하는 경우

7) 완료된 과제는 지정한 장소에 시험시간 내에 제출하여야 합니다.

8) 가스레인지 화구는 2개까지 사용 가능합니다.

9) 과제를 제출한 다음 본인이 조리한 장소의 주변을 깨끗이 청소하고 조리기구를 정리정돈한 후 시험위원의 지시에 따라 퇴실합니다.

10) 시험시작 전 가벼운 몸 풀기(스트레칭) 동작으로 긴장을 풀고 시험을 시작합니다.

오징어순대, 우엉잡채, 제육구이, 매작과

요구사항

※ 위생과 안전에 유의하여 주어진 재료로 다음과 같이 만드시오.

가. 오징어순대

1) 소는 오징어다리, 찐 찰밥, 두부, 숙주, 양파, 풋고추, 홍고추를 양념하여 사용하시오.
2) 양파, 숙주, 풋고추, 홍고추는 가로, 세로 0.3cm 정도로 다져서 사용하고, 두부는 으깨어 물기를 제거하여 사용하시오.
3) 오징어순대는 폭 1cm로 썰어 전량 제출하시오.

나. 우엉잡채

1) 재료는 0.2cm×0.2cm×6cm 정도 크기로 채 썰어 사용하시오.
2) 우엉은 조림장으로 조려 사용하시오.
3) 각각 볶아진 재료를 고르게 무쳐 담으시오.

다. 제육구이

1) 완성된 제육구이의 두께는 0.4cm×4cm×5cm 정도 크기로 8쪽 만드시오.
2) 고추장 양념으로 하여 석쇠에 구우시오.

라. 매작과

1) 매작과 완성품의 크기는 5cm×2cm×0.3cm 정도로 균일하게 만드시오.
2) 매작과 모양은 중앙에 세 군데 칼집을 넣으시오.
3) 시럽을 사용하고 잣가루를 뿌려 10개를 제출하시오.

오징어순대, 우엉잡채, 제육구이, 매작과

번호	재료명	규격	수량	비고
1	오징어	250g 정도	1마리	
2	찹쌀	불린 것	40g	
3	숙주	생것	40g	
4	달걀		1개	
5	두부		30g	
6	돼지고기	등심 또는 볼깃살	150g	
7	우엉		120g	
8	소고기	우둔	50g	
9	건표고버섯	불린 것	2장	
10	당근		50g	
11	밀가루	중력분	110g	
12	풋고추		1개	
13	홍고추		1개	
14	양파		1/4개	
15	잣		5g	
16	산적꼬치	10cm 정도	2개	
17	물엿		50g	
18	통깨		10g	
19	대파	흰 부분(4cm 정도)	2토막	
20	마늘		3쪽	
21	생강		50g	
22	진간장		30mL	
23	흰설탕		60g	
24	소금		20g	
25	깨소금		10g	
26	참기름		20mL	
27	고추장		40g	
28	검은 후춧가루		3g	
29	식용유		150mL	

오징어순대

· 오징어 · 찹쌀 · 숙주 · 달걀 · 두부 · 밀가루 · 풋고
추 · 홍고추 · 양파 · 대파 · 마늘 · 흰설탕 · 검은 후춧
가루 · 깨소금 · 참기름 · 소금 · 산적꼬치

우엉잡채

· 우엉 · 소고기 · 건표고버섯 · 풋고추 · 홍고추 · 당
근 · 물엿 · 양파 · 진간장 · 대파 · 마늘 · 검은 후춧가
루 · 통깨 · 참기름 · 흰설탕 · 식용유

제육구이

· 돼지고기 · 고추장 · 진간장 · 대파 · 마늘 · 검은 후
춧가루 · 흰설탕 · 깨소금 · 참기름 · 생강 · 식용유

매작과

· 밀가루 · 생강 · 잣 · 식용유 · 소금 · 흰설탕

오징어순대

요구사항

1) 소는 오징어다리, 찐 찰밥, 두부, 숙주, 양파, 풋고추, 홍고추를 양념하여 사용하시오.

2) 양파, 숙주, 풋고추, 홍고추는 가로, 세로 0.3cm 정도로 다져서 사용하고, 두부는 으깨어 물기를 제거하여 사용하시오.

3) 오징어순대는 폭 1cm로 썰어 전량 제출하시오.

지급 재료

· 물오징어(250g 정도) 1마리 · 찹쌀(불린 것) 40g · 숙주(생것) 40g · 달걀 1개 · 두부 30g · 밀가루
· 풋고추 1개 · 홍고추 1개 · 양파 1/4개 · 대파 · 마늘 · 흰설탕 · 검은 후춧가루 · 깨소금 · 참기름 · 소금
· 산적꼬치(10cm 정도) 2개

❀ 소양념

· 소금 · 설탕 · 다진 파 · 다진 마늘 · 깨소금 · 참기름 · 검은 후춧가루

만드는 법

1. 불린 찹쌀은 체에 밭쳐 물기를 빼고 찜기에 면포를 깔고 김이 오르면 불린 찹쌀을 찐 다음 소금물을 뿌려 주걱으로 고루 섞어서 더 찐다.

2. 오징어는 배를 가르지 않고 몸통과 다리를 분리하고 깨끗이 씻어 물기를 닦는다.

3. 오징어 다리는 소금물에 데친 후 곱게 다진다.

4. 숙주는 소금물에 데쳐 0.3cm 정도로 다져 물기를 짜고, 두부도 물기를 짜서 곱게 으깬다.

5. 양파는 0.3cm 정도로 다져 물기를 제거하고 풋고추, 홍고추는 씨와 속을 제거하고 0.3cm 정도로 다진다.

6. 그릇에 오징어다리 살과 찐 찹밥, 숙주, 두부, 양파, 풋고추, 홍고추 다진 것에 소양념을 넣어 고루 섞고 달걀흰자를 넣어 농도를 조절한다.

7. 오징어 몸통 속에 밀가루를 고루 묻히고 남은 밀가루는 털어낸 다음 오징어순대 소를 80% 정도 채워 넣고 입구를 꼬치로 꿴다.

8. 오징어 전체를 꼬치로 군데군데 찌른 다음 김이 오른 찜기에 면포를 깔고 오징어순대를 넣고 10분~15분 정도 찐다.

9. 한 김이 나가면 오징어순대를 폭 1cm 정도로 썰어 낸다.

* 오징어 머리도 함께 제출해도 좋다.

우엉잡채

요구사항

1) 재료는 0.2cm×0.2cm×6cm 정도 크기로 채 썰어 사용하시오.

2) 우엉은 조림장으로 조려 사용하시오.

3) 각각 볶아진 재료를 고르게 무쳐 담으시오.

지급 재료

· 우엉 120g · 소고기(우둔) 50g · 건표고버섯(불린 것) 2장 · 풋고추 1개 · 홍고추 1개 · 당근 50g
· 물엿 50g · 양파 1/8개 · 진간장 · 대파 · 마늘 · 검은 후춧가루 · 통깨 · 참기름 · 흰설탕 · 식용유

▨ 조림장

· 진간장 1큰술 · 설탕 1/3작은술 · 물엿 2큰술 · 물 2큰술

▨ 소고기 · 표고버섯 양념

· 진간장 2/3큰술 · 설탕 2/3작은술 · 다진 마늘 2/3작은술 · 다진 파 1작은술 · 참기름 · 검은 후춧가루

만드는 법

1. 우엉은 칼등으로 껍질을 벗겨 0.2cm×0.2cm×6cm 크기로 채를 썰어
   여러 번 헹구어 끓는 물에 데쳐서 헹군다.

2. 당근, 양파, 고추는 0.2cm×0.2cm×6cm 크기로 채를 썬다.

3. 소고기와 표고버섯은 0.2cm×0.2cm×6cm 크기로 채를 썰어 양념을
   한다.

4. 팬에 식용유를 두르고 데친 우엉을 볶다가 조림장을 넣어 조린 다음 참
   기름을 넣고 들어내어 식힌다.

5. 팬에 식용유를 두르고 양파, 당근, 고추를 각각 살짝 볶으면서 소금, 참
   기름을 넣어 들어내어 식힌다.

6. 소고기와 표고버섯도 볶아내어 식힌다.

7. 준비한 재료에 참기름과 통깨를 넣어 무친다.

* 깨소금은 지급재료에 없으므로 소고기, 표고버섯 양념에 깨소금을 넣지
  않는다.

제육구이

요구사항

1) 완성된 제육구이의 두께는 0.4cm×4cm×5cm 정도 크기로 8쪽 만드시오.
2) 고추장 양념으로 하여 석쇠에 구우시오.

지급 재료

· 돼지고기(등심 또는 볼깃살) 150g · 고추장 40g · 진간장 10mL · 대파(흰 부분 · 4cm 정도) 1토막
· 마늘 2쪽 · 검은 후춧가루 2g · 흰설탕 15g · 깨소금 5g · 참기름 5mL · 생강 10g · 식용유 10mL

❀ 고추장 양념장

· 고추장 2큰술 · 설탕 1큰술 · 다진 파 1큰술 · 다진 마늘 1/2큰술 · 다진 생강 1/3작은술 · 깨소금 1작은술
· 참기름 1작은술 · 진간장 1/5작은술 · 검은 후춧가루 약간

만드는 법

1. 돼지고기는 핏물을 닦아 결 반대 방향으로 너비 4.5cm×5.5cm, 두께 0.4cm로 썰어 군데군데 칼집을 넣고 칼 등으로 자근자근 두들긴다.

2. 고추장에 간장, 다진 파, 마늘, 생강, 깨소금, 설탕, 후춧가루, 참기름을 넣어 고추장양념장을 촉촉하게 만든다.

3. 돼지고기에 양념장을 골고루 발라 포개어 간이 배도록 한다.

4. 석쇠에 식용유를 발라 길들여서 고기를 타지 않게 굽는다. 고기가 어느 정도 익으면 양념장을 덧발라 가며 윤기 나게 구워 8쪽을 제출한다.

매작과

요구사항

1) 매작과 완성품의 크기는 5cm×2cm×0.3cm 정도로 균일하게 만드시오.

2) 매작과 모양은 중앙에 세 군데 칼집을 넣으시오.

3) 시럽을 사용하고 잣가루를 뿌려 10개를 제출하시오.

지급 재료

· 밀가루(중력분) 100g · 생강 10g · 잣 5개 · 식용유 150mL · 소금 · 흰설탕 40g

❀ 설탕시럽

· 설탕 5큰술 · 물 5큰술

만드는 법

1. 생강은 곱게 다져 물을 약간 넣어 즙을 낸다.

2. 밀가루에 소금을 넣어 체에 친 후 생강즙과 물을 넣어 덧가루가 필요 없이 밀어 펼 수 있는 농도로 되직하게 반죽하여 젖은 면포나 비닐봉지에 넣어 휴지한다.

3. 냄비에 설탕과 동량의 물을 넣어 젓지 말고 중불에서 서서히 끓여 반 정도 되도록 색깔이 나지 않게 조려 시럽을 만든다.

4. 잣은 고깔을 떼어 종이 위에 놓고 곱게 다져 잣가루를 만든다.

5. 반죽을 0.2cm 두께로 밀어 펴서 5cm×2cm 정도로 잘라 3군데 칼집을 넣어 가운데 칼집 넣은 곳으로 뒤집어 매작과 모양을 만든다.

6. 기름온도를 150~160℃ 정도로 하여 기포가 생기지 않게 노릇하게 튀긴다.

7. 매작과를 설탕시럽에 담갔다 건져 접시에 10개를 담고 잣가루를 뿌린다.

참고문헌

• 강인희, 한국의 맛, 대한교과서, 1998
• 김덕희 외, 한국음식의 맛, 백산출판사, 2007
• 김덕희 외, 한식조리기능사, 백산출판사, 2011
• 신승미 외, 우리고유의 상차림, 교문사, 2005
• 장명숙 외, 한국음식, 효일출판사, 2003
• 전경철 외, 한식조리산업기사, 크라운출판사, 2011
• 차경옥 외, 한국음식, 백산출판사, 2010
• 황혜성 외, 조선왕조 궁중음식, 사단법인 궁중음식연구원, 1995

저자 프로필

이여진

경희대학교 조리외식경영학과 석사
영남대학교 외식산업학전공 박사수료
대구보건대학교 호텔제과제빵학과 강사
대구여성회관 조리과 강사
대구농민사관학교 청년창농심화반 과정장

〈저서〉

흥미롭고 다양한 세계의 음식문화(광문각)
한식디저트(백산출판사)
발효저장음식(백산출판사)
한식조리기능사 실기(백산출판사)
사찰음식이야기(백산출판사)

저자와의
합의하에
인지첩부
생략

한식조리산업기사

2024년 9월 5일 초판 1쇄 인쇄
2024년 9월 10일 초판 1쇄 발행

지은이 이여진
펴낸이 진욱상
펴낸곳 (주)백산출판사
교 정 박시내
본문디자인 신화정
표지디자인 오정은

등 록 2017년 5월 29일 제406-2017-000058호
주 소 경기도 파주시 회동길 370(백산빌딩 3층)
전 화 02-914-1621(代)
팩 스 031-955-9911
이메일 edit@ibaeksan.kr
홈페이지 www.ibaeksan.kr

ISBN 979-11-6567-853-1 13590
값 19,000원